ORDOS
鄂尔多斯市林木种质资源
E'ERDUOSI SHI LINMU ZHONGZHI ZIYUAN

中国市场出版社
China Market Press

·北京·

图书在版编目(CIP)数据

鄂尔多斯市林木种质资源/鄂尔多斯市林业种苗站编.—北京:中国市场出版社,2020.5
ISBN 978-7-5092-1868-6

Ⅰ.①鄂… Ⅱ.①鄂… Ⅲ.①林木-种质资源-鄂尔多斯市 Ⅳ.①S722

中国版本图书馆CIP数据核字(2019)第145490号

鄂尔多斯市林木种质资源
E'ERDUOSI SHI LINMU ZHONGZHI ZIYUAN

编　　者	鄂尔多斯市林业种苗站
责任编辑	晋璧东(874911015@qq.com)
出版发行	中国市场出版社
社　　址	北京市西城区月坛北小街2号院3号楼(100837)
电　　话	(010)68033539
经　　销	新华书店
印　　刷	内蒙古掌印文化科技有限公司
规　　格	210mm×285mm　　16开本
印　　张	18.625
字　　数	500千字　图数:402幅　表数:60个
版　　次	2020年5月第1版
印　　次	2020年5月第1次印刷
书　　号	ISBN 978-7-5092-1868-6
定　　价	200.00元

版权所有　侵权必究　　印装差错　负责调换

《鄂尔多斯市林木种质资源》编委会

专　　家：周世权　　吴剑雄　　李志忠　　韩丽华　　王瑛凯
　　　　　栾树森
顾　　问：特木钦　　王生军　　宁明世　　邵文亮　　杨永华
主　　编：韩玉飞
副 主 编：袁庆东　　阿拉腾宝　乌云其其格　武海涛
编　　者（排名不分先后）：
　　　　　于凤强　　李　强　　王若凡　　张建华　　吕美萍
　　　　　刘秀峰　　万俊华　　王阿萍　　李泽江　　沈利芳
　　　　　石　麟　　苗彦龙　　杨　杰　　兰银良　　赵欣欣
　　　　　昭日格图　刘飞云　　苗彦龙　　郝晓丽　　林金庆
　　　　　袁秀萍　　郝彦卿　　宁瑞些　　吴佳立　　贺　萍
　　　　　郭沙坪　　曹　军　　韩永军　　李密静　　塔　娜
　　　　　格日勒　　王慧杰　　杨晓红　　赵富洲　　齐　娜
　　　　　刘利平　　王月芳
翻　　译：陈宏伟
制　　图：何　志　　王树勇　　张雪荣
摄影和标本采集制作（排名不分先后）：
　　　　　　　　　　于凤强　　王　四　　王　强　　金耀勇
　　　　　　　　　　李小芬　　景垣帧

前　言

鄂尔多斯市位于内蒙古自治区西南部，东西长约400公里，南北宽约340公里，总面积86752平方公里。鄂尔多斯地形复杂，气候恶劣，生态脆弱，从东至西分布着明显的典型草原、荒漠草原、草原化荒漠等3个生物气候带。植被呈现中生、旱生、超旱生生物群落过渡。全市现有高等植物99科、437属、1054种，含重点保护植物22种，其中，国家级重点保护植物18种。

2008年内蒙古自治区启动了林木种质资源普查工作后，2009年鄂尔多斯市也相继开展了种质资源普查。共查出全市可利用的木本植物资源39科、72属、129种，引进绿化树种69种，古树名木及珍稀濒危树种277株。经过几年的普查工作，基本摸清了家底，为以后的开发利用奠定了坚实的基础。

林木种质资源普查工作的完成，得到了全市林业系统上下的大力支持和帮助。在此，对参与林木种质资源普查的人员表示感谢。最后，希望此书能为鄂尔多斯林业的现代化建设添砖加瓦，为保护生态和建设生态文明略尽绵薄之力。

由于编者水平有限，书中遗漏和不足之处在所难免，恳请各位同仁批评指正。

编　者

2019年6月

目 录

第一章　鄂尔多斯市种质资源概述　　1
　　第一节　自然概况　　3
　　第二节　林木种质资源总体概况　　4
第二章　乡土树种形态特征及生物学特征　　7
　　1. 油松　　9
　　2. 杜松　　11
　　3. 侧柏　　12
　　4. 沙地柏　　14
　　5. 小叶杨　　15
　　6. 北沙柳　　16
　　7. 旱柳　　17
　　8. 杠柳　　18
　　9. 大果榆　　19
　　10. 辽东栎　　20
　　11. 家榆　　21
　　12. 柽柳　　22
　　13. 桃叶卫矛　　23
　　14. 文冠果　　24
　　15. 百里香　　26
　　16. 山杏　　27
　　17. 山桃　　28
　　18. 中间锦鸡儿　　29
　　19. 柠条锦鸡儿　　30
　　20. 垫状锦鸡儿　　32
　　21. 狭叶锦鸡儿　　33
　　22. 塔落岩黄芪　　34
　　23. 细枝岩黄芪　　35
　　24. 红柳　　37

25. 细穗柽柳　　　　　　　　　　38
26. 长穗柽柳　　　　　　　　　　39
27. 柳叶鼠李　　　　　　　　　　40
28. 梭梭　　　　　　　　　　　　42
29. 盐爪爪　　　　　　　　　　　43
30. 珍珠猪毛菜　　　　　　　　　44
31. 花叶海棠　　　　　　　　　　45
32. 蕤核　　　　　　　　　　　　46
33. 蒙古扁桃　　　　　　　　　　47
34. 沙冬青　　　　　　　　　　　49
35. 刺叶柄棘豆　　　　　　　　　50
36. 霸王　　　　　　　　　　　　51
37. 四合木　　　　　　　　　　　53
38. 半日花　　　　　　　　　　　54
39. 互叶醉鱼草　　　　　　　　　55
40. 蒙古莸　　　　　　　　　　　56
41. 北桑寄生　　　　　　　　　　57
42. 虎榛子　　　　　　　　　　　58
43. 红花海绵豆　　　　　　　　　59
44. 沙木蓼　　　　　　　　　　　60
45. 红砂　　　　　　　　　　　　61
46. 长叶红砂　　　　　　　　　　63
47. 驼绒藜　　　　　　　　　　　64
48. 华北驼绒藜　　　　　　　　　65
49. 鄂尔多斯小檗　　　　　　　　66
50. 匙叶小檗　　　　　　　　　　66
51. 草麻黄　　　　　　　　　　　68
52. 木贼麻黄　　　　　　　　　　69
53. 膜果麻黄　　　　　　　　　　70
54. 阿拉善沙拐枣　　　　　　　　71
55. 宽叶水柏枝　　　　　　　　　72
56. 锐枝沙木蓼　　　　　　　　　73
57. 土庄绣线菊　　　　　　　　　74
58. 耧斗叶绣线菊　　　　　　　　75
59. 三裂绣线菊　　　　　　　　　76
60. 小叶茶藨　　　　　　　　　　77

61. 准噶尔枸子	78
62. 绵刺	78
63. 白刺	79
64. 小果白刺	80
65. 葱皮忍冬	81
66. 宽叶沙木蓼	82
67. 内蒙野丁香	83
68. 猥实	83
69. 沙枣	84
70. 阿拉善点地梅	85
71. 针枝芸香	86
72. 刺叶小檗	86
73. 黄芦木	87
74. 单瓣黄刺玫	87
75. 山刺玫	88
76. 肉苁蓉	90
77. 中国沙棘	91
78. 内蒙亚菊	92
79. 束伞亚菊	92
80. 灌木亚菊	93
81. 蓍状亚菊	93
82. 圆柏	94
83. 复叶槭	95
84. 花红	96

第三章 古树名木的保护情况   97

- 第一节 古树名木的分布状况   99
- 第二节 古树整体分布情况   99
  - （一）东胜区古树名木   99
  - （二）达拉特旗古树名木   100
  - （三）准格尔旗古树名木   106
  - （四）伊金霍洛旗古树名木   142
  - （五）杭锦旗古树   147
  - （六）鄂托克旗古树   147
  - （七）鄂托克前旗古树   169
  - （八）乌审旗古树   178
- 第三节 古树文化现状   181

第四节　古树名木的保护管理措施　　182
第四章　绿化及外来树种资源　　185
　　第一节　主要外来树种资源现状　　187
　　　　1. 樟子松　　187
　　　　2. 胡桃　　188
　　　　3. 丁香　　189
　　　　4. 中国白腊　　190
　　　　5. 新疆杨　　191
　　　　6. 紫丁香　　192
　　　　7. 连翘　　193
　　　　8. 忍冬　　194
　　　　9. 红瑞木　　195
　　　　10. 苹果　　196
　　　　11. 杜梨　　197
　　　　12. 山楂　　197
　　　　13. 楸子　　198
　　第二节　适应性及推广范围和面积　　199
　　第三节　主要外来树种利用发展规划　　200
第五章　鄂尔多斯市常用树种育苗技术　　201
第六章　鄂尔多斯市良种采种基地　　229
第七章　附表　　235
　　表7-1　鄂尔多斯市乔木乡土树种统计表　　237
　　表7-2　鄂尔多斯市灌木乡土树种统计表　　240
　　表7-3　鄂尔多斯市绿化树种统计表　　248
　　表7-4　鄂尔多斯市古树名木统计表　　252
第八章　附图　　271
　　图8-1　鄂尔多斯市种质资源线路标准地图(示意图)　　273
　　图8-2　鄂尔多斯市古树名木分布图(示意图)　　275
　　图8-3　鄂尔多斯市种质资源优良林分布图(示意图)　　277
　　图8-4　鄂尔多斯市种苗工程分布图(示意图)　　279

后记　　281

第一章 鄂尔多斯市种质资源概述

ORDOS

鄂尔多斯市林木种质资源

E'ERDUOSI SHI LINMU ZHONGZHI ZIYUAN

第一节　自然概况

　　鄂尔多斯位于内蒙古自治区的西南部,环抱在黄河"几"字形大湾内,南边紧靠古长城,是中原文明与北方文明世代交融的通道。鄂尔多斯是一个近乎于四边形的高原地带。受黄河母亲的乳汁哺育,鄂尔多斯走过了亿万年的历程,成为中外驰名的古陆和资源富集、文化历史悠久的风水宝地。鄂尔多斯属内蒙古高原的一部分,因为整体海拔高,被称为鄂尔多斯高原,它又因四周山脉和黄土高原高于它的整体,又被称为鄂尔多斯盆地。盆地中自东向西从中部隆起一条脊线,地质学上把它称为鄂尔多斯台地。鄂尔多斯东部是丘陵沟壑,西部为广阔的波状高平原,阿尔巴斯山区海拔2149米的桌子山主峰就屹立在这里,台地的南北部又分别横卧着毛乌素沙地和库布其沙漠,再往南往北,分别是黄土高原和黄河冲积平原。鄂尔多斯不仅地质构造复杂,而且地貌类型多样,有盆地、平原和高原,有山地、丘陵和沟川,还有沙地、沙漠和众多的河流、湖泊,这种特殊的地貌类型,不仅在内蒙古自治区就是在全国也是少有的。

　　鄂尔多斯远离海洋,冬天在西伯利亚冷高压气团的控制下,强烈的西北季风是这里冬春季节的主风向,使这里寒冷而干燥,夏天受东南季风的影响,常在夏秋之季带来降雨,造成这里旱风同季、水热同期的典型大陆性干旱气候。东西仅400公里的长度内分布着明显的典型草原、荒漠草原、草原化荒漠等3个生物气候带。干燥度明显地由东向西递增,冬长夏短、寒暑剧变,是这里的气候特征。

　　鄂尔多斯市东西长约400公里,南北宽约340公里。总面积为86752平方公里。地理位置在北纬$37°35′24″\sim40°51′40″$,东经$106°42′40″\sim111°27′20″$之间。鄂尔多斯年降雨量历年平均为192~400毫米,在地理分布上由东向西逐渐减少,主要集中在7—9月。全年8级以上大风日数40天以上,无霜期130~160天。年日照时数为2716~3194小时,年平均气温5.3~8.7℃,年蒸发量2000~3000毫米。

　　繁杂的地质地貌类型和气候特征,决定了这里特殊的植被类型。植被带自东向西呈中生、旱生、超旱生过渡。珍稀濒危、古老残遗的植物种类繁多,仅西鄂尔多斯国家级自然保护区就有濒危植物70多种。从生物多样性角度来讲,这一特征无论在植物区系组成,还是植被组成上,都是内蒙古自治区特有现象最明显的地区。鄂尔多斯高原接受和融合了四面八方渗入的植物种类,除了占优势的地带性土著温性草原旱生草本和蒙古灌木植物成分之外,其西北部有大量蒙古戈壁成分的荒漠小半灌木和灌木的侵入,以及泛地中海荒漠半灌木的普遍分布,甚至有青藏高原旱生灌木的显著出现。由于鄂尔多斯高原的东侧和南缘是黄土高原,因此在鄂尔多斯高原东部的低山丘陵中有大量温带森林中生植物的分布。因此鄂尔多斯高原的植物区系成分十分丰富多样,这在干旱荒漠区是十分罕见的。

第二节　林木种质资源总体概况

鄂尔多斯市是一个植物种类相对贫乏的地区,乔灌木总数不过一百几十种,因此植物种类的增减对植物多样性影响很大,在鄂尔多斯市生态建设取得突出成绩的今天,再不能让任何一个树种在我们这一代人的手上消失。因此开展对鄂尔多斯种质植物资源普查,具有重要的现实意义。

鄂尔多斯乔木树种资源数量较少,主要在毛乌素沙区分布有旱柳、小叶杨、河北杨、榆树、文冠果、桃叶卫矛等;在准格尔旗分布有油松、杜松、侧柏、圆柏、大果榆、山桃、山杏、辽东栎、花叶海棠、茶条槭、苹果、梨、楸子、山荆子、杜梨、山楂、花红、桃、杏等;阿尔巴斯山区分布有蒙桑、旱榆;鄂尔多斯西部及黄河沿岸地区分布有红柳、怪柳;黄河南岸还生有沙枣、胡杨等。各地零星分布有文冠果古树。

荒漠草原和草原化荒漠位于杭锦旗西部、鄂托克旗北部和鄂托克前旗的西北部,是旱生和超旱生植物的集中分布区,这里分布着种类繁多的古老残遗和珍稀植物,其中国家级重点保护树种有四合木、鄂尔多斯半日花、绵刺、沙冬青、蒙古扁桃、胡杨、内蒙野丁香等14种,还有膜果麻黄、阿拉善沙拐枣、沙木蓼、短叶假木贼、灌木铁线莲、鄂尔多斯小檗、小叶金露梅、红花海绵豆、荒漠锦鸡儿、霸王、针枝芸香、长叶红沙等内蒙古自治区重点保护树种12种;蒙桑、盐穗木、珍珠猪毛菜、松叶猪毛菜、酸枣、灌木青兰等鄂尔多斯市级重点保护树种6种,以及沙枣、旱榆、木贼麻黄、沙拐枣、梭梭、裸果木、内蒙亚菊、红沙、灌木亚菊、锦鸡儿、一叶萩、刺旋花、鹰爪柴、盐爪爪等乔灌木树种和小半灌木共50余种,构成了荒漠草原和荒漠地带的特殊植物资源景观。

毛乌素沙地属典型草原地带,包括鄂托克前旗、鄂托克旗、乌审旗和伊金霍洛旗中西部,这里主要分布着中生和旱中生植物,其中旱柳、小叶杨是地道的古老乡土树种,也是当地农牧民多少年来赖以生存的用材树种;旱中生的榆树有时也混生在沙区边缘,榆树壕古榆及其后代就是生长在流沙丘上,世代延续至今。毛乌素沙地自古以来就以灌木为主,毛乌素沙地柳湾林在毛乌素繁衍了上千年,甚至数千年,作为一个生态系统,多少年来始终维系着毛乌素的生态平衡,并为沙区人民的生产和生活提供着各种资源。据不完全统计,解放初毛乌素沙区分布有柳湾林约1000万亩,20世纪70年代还有柳湾林分布面积271.95万亩(《参见毛乌素沙区自然条件及其改良利用》),直到80年代初仍有柳湾林约78万亩(柳湾林科研组调查数据),直至目前柳湾林仍然是毛乌素沙区的生态屏障。此外还有50万亩的叉枝圆柏林,与柳湾林共同发挥着毛乌素沙区防风固沙的重要生态功能。毛乌素沙区原有的柳叶鼠李林、小檗林、酸枣林、灰叶铁线莲、柄扁桃、杠柳、杨柴、丝绵木(桃叶卫矛)、小叶鼠李、蒙古荬等,与柳湾林、叉枝圆柏林共同构成的木本种质资源,因遭受自然灾害的威胁和人为的干扰,近年来很多资源如柳叶鼠李林、小檗林等林相已不复存在,剩下的只是些残缺不齐的单株存在。当前的重要任务是如何设法挽救它们的种群数量,为沙区经济建设和生态环境的改善作出努力。

在库布其沙漠中,木本植物稀少,多属于旱生和超旱生的沙生树种,如阿拉善沙拐枣、沙木蓼,低沙滩地的边缘还生有宽叶水柏枝,沙漠边缘和湖泊周围的滩地上还生有怪柳和白刺。

东部丘陵沟壑区,包括伊金霍洛旗东部、东胜区东部、准格尔旗。这里与华北森林草原区接壤,是典型草原区,历史上这里森林密布,松柏参天,据《准格尔旗志》记载:(约300年前)"西至伊旗(清时称郡王旗)之境,东至黄河之滨,南至陕西古城之边,北至库布其沙漠之畔,原始森林分布广阔而均匀,生长浓郁而茂密,真是森林满山,绿树成荫……""清同治五年(1877年),马化龙回族军队侵袭准格尔旗时,神山附近仍然乔灌木丛生,蒙古族群众日夜隐藏其中……纳林川、东孔兑、羊市塔、魏家峁、准格尔召、神山、马栅、乌兰沟……无不丛生着松树、刺柏、黄柏(小檗)、香柏、酸刺、乌柳、黑格令(柳叶鼠李)等乔灌木,到处是一片繁荣茂盛、草木皆旺的森林植被区"。生长在松树塔千岁高龄的中国油松王足可佐证。然而300多年后的今天,森林环境遭到了彻底破坏,高大的苍松翠柏只浓缩在)、袁家梁一带,面积只有两万多亩,而且林相残缺不齐,其余的乔灌木树种也只有在阿贵庙、石窟庙能见到它们的部分踪影。阿贵庙地方森林公园有效地保存了准格尔大地的众多乔灌木树种的种质资源,除油松、杜松、黄榆、家榆、山桃、山杏、侧柏外,还有极其珍贵的花叶海棠2株、辽东栎3株、茶条槭1株。此外这里的灌木树种资源是鄂尔多斯市保存最多的地方之一,如:蔷薇科绣线菊属的蒙古绣线菊、土庄绣线菊、楼斗叶绣线菊、三裂绣线菊等;枸子木属的准噶尔枸子、蒙古枸子、灰枸子、黑果枸子等;小檗科的鄂尔多斯小檗、匙叶小檗、细叶小檗、刺叶小檗、黄芦木等。另外还有小叶茶藨子、楔叶茶藨、单瓣黄刺玫、多花胡枝子、尖叶胡枝子、矮卫矛、小叶鼠李、荆条、紫丁香、沙棘、葱皮忍冬、北桑寄生、酸枣等30多种。它们绝大多数都是城镇园林绿化的资源树种。

　　油蒿是鄂尔多斯分布最广、面积最大的半灌木,无论是沙地、梁地还是山地、丘陵,到处都有它的踪影,历来它都是鄂尔多斯人民的燃料来源,也是牧民搭棚围圈的极好材料,是鄂尔多斯大地上的生态屏障。在沙区梁地还分布有大面积的半灌木麻黄,它是鄂尔多斯市的大宗药材,经济价值较高;在波状高平原的西南部还有大片的垫状锦鸡儿,它在构成旱生植物景观的同时,发挥着强有力的防风固沙、保持水土的生态作用;在黄河南岸及众多的盐碱滩地上分布有柽柳科的多种柽柳和蒺藜科的几种白刺,都是耐盐碱的固沙保土树种,起着降碱改土的重要作用。

第二章 乡土树种形态特征及生物学特征

1. 油松

拉丁文名：*Pinus tabuliformis* Carr.

松　科　Pinaceae
松　属　Pinus
别　名　红皮松、短叶松

形态特征：常绿乔木，高达 30 米，胸径可达 1 米。树皮下部灰褐色，裂成不规则鳞块，裂缝及上部树皮红褐色；大枝平展或斜向上，老树平顶；小枝粗壮，黄褐色，有光泽，无白粉；冬芽长圆形，顶端尖，微具树脂，芽鳞红褐色。针叶 2 针一束，暗绿色，较粗硬，长 10～15（20）厘米，径 1.3～1.5 厘米，边缘有细锯齿，两面均有气孔线，横切面半圆形，皮下细胞为间断型两层，树脂道 3～8（11），边生，角部和背部偶有中生；叶鞘初呈淡褐色，后为淡黑褐色。雄球花柱形，长 1.2～1.8 厘米，聚生于新枝下部呈穗状；当年生幼球果卵球形，黄褐色或黄绿色，直立。球果卵形或卵圆形，长 4～7 厘米，有短柄，与枝几乎成直角，成熟后黄褐色，常宿存几年；中部种鳞近长圆状倒卵形，长 1.6～2 厘米，宽 1.2～1.6 厘米，鳞盾肥厚、有光泽，扁菱形或扁菱状多角形，横脊明显，纵脊几乎无，鳞脐明显，有刺尖。种子长 6～8 毫米，连翅长 1.5～2.0 厘米，翅为种子长的 2～3 倍。花期 5 月，球果第二年 10 月上、中旬成熟。

生长环境：油松强阳性，耐寒，耐干旱，瘠薄，深根性。生长于海拔 800～1500 米山地的阴坡和半阴坡土壤湿润及较肥沃的地方，常组成纯林或与其他针阔叶树种形成混交林。

分布：主要为人工造林树种，准格尔旗有天然次生林。见于准格尔旗阿贵庙、石窟庙、袁家梁，全市各地都有栽培。种子繁殖。

良种：准格尔旗油松母树林种子，良种编号内蒙古 S－SS－PT－020－2011，内蒙古审定良种。

可推广利用价值：观赏价值。适于作为油松伴生树种的有元宝枫、栎类、桦木、侧柏等。木材富含松脂，耐腐，适作建筑、家具、枕木、矿柱、电杆、人造纤维等用材。树干可割取松脂，提取松节油，树皮可提取栲胶，松节、针叶及花粉可入药，亦可采集松脂供工业使用。

参见表2-1所示。

表2-1 油松种质资源情况

树种	调查地块	优良林分布数量及面积（亩）	长势 树高（米）	长势 冠幅（米）	长势 郁闭度	GPS地理坐标
油松	准格尔旗西黑岱	1200	2.5	2×3	65	049500 4421524
	准格尔旗神山	20000	3	3×3	75	0467236 4350560
	准格尔旗坝梁	1500	2.7	2.5×2.8	75	461422 4368639 4612145 4368565 462530 4368881 463191 4368926 463772 4369058 463827 4369513 464056 4368920 463728 4368106 463143 4368484 462909 4367747 462169 4367871
	准格尔旗速几塌	300	2.8	2×2.4	76	463680 4370198 463797 4370290 464132 4370068 464495 4370282 464495 4370282 464298 4369821 464043 4369704

2. 杜松

拉丁文名：*PJuniperus rigida* S. et Z.

柏　　科　Cupressaceae
刺柏属　*Juniperus* L.
别　　名　刚桧、崩松

形态特征：常绿小乔木，高达 11 米，胸径可达 1 米，树冠塔形或者圆柱形，幼枝三棱形，无毛。树皮灰褐色，纵裂成条片状脱落。刺叶 3 叶轮生，条状刺形，质厚，坚硬，长 12～17 毫米，宽约 1 毫米，其横切面成内凹的"V"状三角形；叶的上部渐窄，先端尖锐，上面凹下成深槽，槽内有 1 条窄白粉带；叶的下面有明显的纵脊。雌雄异株，雄球花呈椭圆状或近球状，长 2～3 毫米，其药隔是先端尖，背面有纵脊的三角状宽卵形。球果呈圆球形，直径 6～8 毫米，成熟前紫褐色，熟时淡褐黑色或蓝黑色，常被白粉。种子近卵圆形，长约 6 毫米，顶端尖，有 4 条不显著的棱角。

生长环境：喜光树种，耐阴。喜冷凉气候，耐寒。对土壤的适应性强，喜石灰岩形成的栗钙土或黄土形成的灰钙土，可以在海边干燥的岩缝间或沙砾地生长。

分布：准格尔旗神山油松侧柏杜松次生林；达拉特旗、东胜区、伊金霍洛旗有零星分布的古树或孤立木，鄂托克旗阿尔巴斯山山顶天然零星分布；园林绿化树种，全市各旗区街道、小区、公园等都有栽培。

可推广利用价值：园林绿化树种，树姿优美，观赏价值高。有药用价值，叶、果入药具发汗、利尿、镇痛功能，主治风湿性关节炎、尿路感染、布氏杆菌病。具建材价值，木材坚硬、纹理致密、耐腐力强，可供制作工艺品、雕刻家具、农具等。

参见表 2-2 所示。

表2-2 杜松种质资源情况

树种	调查地块	优良林分布数量及面积（亩）	长势			GPS 地理坐标
			树高(米)	冠幅(米)	郁闭度	
杜松	准格尔旗	零星分布在侧柏、油松林内	2.5	2.4×2.0	50	461785 4387970 465426 4387143 465593 4388080 469066 4387556 468958 4387026 469856 4386898

3. 侧柏

拉丁文名：*Platycladus orientalis*（L.）Franco

柏　　科　*Cupressaceae*
侧柏属　*Platycladus* Spach
别　　名　香柏、柏树

形态特征：乔木,高达20米,胸径1米;树皮薄,浅灰褐色,纵裂成条片;枝条向上伸展或斜展,幼树树冠卵状尖塔形,老树树冠则为广圆形;生鳞叶的小枝细,向上直展或斜展,扁平,排成一平面。叶鳞形,长1～3毫米,先端微钝,小枝中央的叶的露出部分呈倒卵状菱形或斜方形,背面中间有条状腺槽。两侧的叶船形,先端微内曲,背部有钝脊,尖头的下方有腺点。雄球花黄色,卵圆形,长约2毫米;雌球花近球形,径约2毫米,蓝绿色,被白粉。球果近卵圆形,长1.5～2(2.5)厘米,成熟前近肉质,蓝绿色,被白粉,成熟后木质,开裂,红褐色。中间2对种鳞呈倒卵形或椭圆形,鳞背顶端的下方有一向外弯曲的尖头。上部1对种鳞窄长,近柱状,顶端有向上的尖头;下部1对种鳞极小,长达13毫米,稀退化而不显著。种子卵圆形或近椭圆形,顶端微尖,灰褐色或紫褐色,长6～8毫米,稍

有棱脊,无翅或有极窄之翅。花期3—4月,球果10月成熟。

生长环境:生于向阳干燥瘠薄的山坡或岩石裸露的石崖缝中,或者黄土覆盖的石质山坡。喜生于湿润肥沃排水良好的钙质土壤,耐寒、耐旱、抗盐碱,在平地或悬崖峭壁上都能生长。在干燥、贫脊的山地上,生长缓慢,植株细弱。浅根性,但侧根发达,萌芽性强、耐修剪、寿命长,抗烟尘,抗二氧化硫、氯化氢等有害气体。

分布:天然次生于准格尔旗神山庙、阿贵庙、石窑庙、袁家梁、马栅等地;全市各大公园、街道等景观区也有栽培。

可推广利用价值:建筑、器具、家具、农具及文具等用材。还具有医药用途。

参见表2-3所示。

表2-3 侧柏种质资源情况

树种	调查地块	优良林分布数量及面积(亩)	长势			GPS地理坐标
			树高(米)	冠幅(米)	郁闭度	
侧柏	神山	13861	2.7	2.4×2	70	465426 4387143 465593 4388080 469066 4387556 468958 4387026 469856 4386898 469556 4384710 466618 4384637

4. 沙地柏

拉丁文名：*Sabina vulgaris*

柏　科　*Cupressaceae*
圆柏属　Platycladus
别　名　叉子圆柏、新疆圆柏

形态特征：匍匐灌木，高不及1米；枝密，斜上展，小枝细，径约1毫米，近圆形。叶二型：刺叶常生于幼一树上，稀在壮龄树上与鳞叶并存，常交互对生或兼有三叶交叉轮生，排列较密，向上斜展，长3~7毫米，先端刺尖，中部有长椭圆形或条形腺体；鳞叶交互对生，排列紧密或稍疏，斜方形或菱状卵形，长1~2.5毫米，先端微钝或急尖，背面中部有明显的椭圆形或卵形腺体。雌雄异株。球果熟时呈暗褐紫色，被白粉。种子1~4粒。雄球花椭圆形或矩圆形，长2~3毫米，雄蕊5~7对，各具2~4花药；雌球花曲垂或初期直立而随后俯垂。球果生于向下弯曲的小枝顶端，熟前蓝绿色，熟时褐色至紫蓝色或黑色，多少有白粉，具1~4(5)粒种子，多为2~3粒，多为倒三角状球形，长5~8毫米，径5~9毫米；种子常为卵圆形，微扁，长4~5毫米，顶端钝或微尖，有纵脊与树脂槽。

生长环境：分布在固定和半固定沙地上，能忍受风蚀沙埋。长期适应干旱的沙漠环境，是干旱、半干旱地区防风固沙和水土保持的优良树种。喜光，喜凉爽干燥的气候，耐寒、耐旱、耐瘠薄，对土壤要求不严，不耐涝，适应性强，扦插宜活，栽培管理简单。

分布：伊金霍洛旗哈拉沙，主要集中在乌审旗图克、呼吉尔特、黄陶勒盖、纳林河、陶利等，全市各地都有栽培。

良种：乌审旗沙地柏采种母树林穗条，良种编号内蒙古S—SS—PT—020—2011，内蒙古审定良种。

可推广利用价值：药用,园林绿化常用树种。以无性繁殖为主。

参见表2-4所示。

表2-4 沙地柏种质资源情况

树种	调查地块	优良林分布数量及面积（亩）	长势			GPS地理坐标
			树高(米)	冠幅(米)	郁闭度	
沙地柏	伊金霍洛旗哈拉沙	10000	0.6		90	4372350 37428990 4372441 37428740 4372566 37428843 4372719 37428945 4372662 37429087
	乌审旗的阿车图、杨拐则西沙、华尔台、陶利毛布拉格、马尔套圪塔	72450 135776 60945 84135 6694	0.5		91	353745 4317053 353944 4319550 353944 4319550 353944 4319550 352751 4320161 352327 4320192 350002 4320338 345662 4323483 345270 4323290 344217 4323109 351043 4317666

5. 小叶杨

拉丁文名：*Populus simonii* Carr.

杨柳科 *Salicaceae*
杨　属 *populus* L.
别　名 明杨、水桐

形态特征：乔木,高达20米,胸径50厘米以上。树皮幼时灰绿色,老时暗灰色,沟裂;树冠近圆形。幼树小枝及萌枝有明显棱脊,常为红褐色,后变为黄褐色。老树小枝圆形,细长而密,无毛。芽细长,先端长渐尖,褐色,有粘质。叶菱状卵形、菱状椭圆形或菱状倒卵形,长3～12厘米,宽2～8厘米,中部以上较宽,先端突急尖或渐尖,基部楔形、宽楔形或窄圆

形,边缘平整,细锯齿,无毛,上面淡绿色,下面灰绿或微白。叶柄圆筒形,长 0.5～4 厘米,黄绿色或带红色。雄花序长 2～7 厘米,花序轴无毛,苞片细条裂,雄蕊 8～9(25);雌花序长 2.5～6 厘米。果序长达 15 厘米;蒴果小,2(3)瓣裂,无毛。花期 3－5 月,果期 4－6 月。

生长环境:喜光树种,不耐庇荫,适应性强,对气候和土壤要求不严。耐旱,抗寒,耐瘠薄或弱碱性土壤,在干旱瘠薄、沙荒茅草地上常形成"小老树"。根系发达,固土抗风能力强。

分布:无集中分布,多见于防护林带、农牧民庭院等零星分布。在毛乌素沙地、鄂托克旗阿尔巴斯山区也有零星分布。全市各地都有栽培。

可推广利用价值:可作为木材使用,可作为绿化树种、构建防风林。

6. 北沙柳
拉丁文名:*Salix psammophila*

杨柳科　*Salicaceae*
柳　属　*Salix* L.
别　名　沙柳、西北沙柳

形态特征:灌木或小乔木,小枝幼时具绒毛,以后渐变光滑。叶条形或条状倒披针形,长 1.5～5 厘米,宽 3～7 毫米,边缘外卷,上半部有疏生具腺细齿,下半部近全缘,上面初有绢状毛,后几无毛,下面灰色,有丝毛;叶柄长 1～3 毫米,有长柔毛。蒴果长 3 毫米,无梗,裂开为 2 瓣,种子具长白毛。花期 3 月,果期 5 月。

生长环境:抗逆性强,较耐旱,喜水湿;抗风沙,耐一定盐碱,耐严寒和酷热;喜适度沙压,越压越旺,但不耐风蚀。繁殖容易,萌蘖力强。

分布:鄂尔多斯全市均有大面积分布。

良种:鄂尔多

斯沙柳优良种源穗条,良种编号内蒙古 S-SP-SP-023-2011,鄂尔多斯市林业种苗站,内蒙古审定良种。

推广价值:生物质发电;优良饲用植物;可做木材家具。

参见表 2-5 所示。

表 2-2 北沙柳种质资源情况

树种	调查地块	优良林分布数量及面积（亩）	长势			GPS 地理坐标
			树高（米）	冠幅（米）	郁闭度	
北沙柳	伊金霍洛旗	50000	1.7	2.5×2.8	78	39°00.586′ 109°36.158′ 39°05.342′ 39°08.920′ 109°54.107′ 39°19.920′ 110°00.107′
	达拉特旗	12680	1.8	2.4×2.7	78	450783 4438809 450597 4438709 450572 4438875 450549 4439035 450302 4438961
	鄂托克旗苏米图	2140	2.1	2.8×3	80	235642 4302548 252353 4316266 252192 4316180 252053 4316043

7. 旱柳

拉丁文名：*Salix matsudana* Koidz.

杨柳科 *Salicaceae*
柳　属 *Salix* L.
别　名 河柳、羊角柳、白皮柳

形态特征:落叶乔木,高度可达 10 米,胸径达 80 厘米。枝斜上、直立或斜展,浅褐黄色或带绿色,后变褐色,无毛,幼枝有毛,树冠广圆形;树皮暗灰黑色,有裂沟。叶披针形,长 5~10 厘米,宽 1~1.5 厘米,先端长渐尖,基部窄圆形或楔形,上面绿色、无毛、有光泽,下面苍白色或带白色、有细腺锯齿缘,幼叶有丝状柔毛;叶柄短,长 5~8 毫米。花序与叶同时开放;雄花序圆柱形,长 1.5~2.5(3)毫米,粗 6~8 毫米,雌花序较雄花序短,长达 2 厘米,粗 4 毫米,有 3~5 小叶生于短花序梗上,轴有长毛;苞片同雄花;腺体 2 个,背生和腹生。果序长达 2(2.5)厘米。花期 4~5 月,果期 5~6 月。

生长环境:喜光,耐寒,湿地、旱地皆能生长,根系发达,抗风能力强,生长快,易繁殖。

分布:全市各地皆有,主要分布在乌审旗、伊金霍洛旗。

良种:乌审旗旱柳优良种源穗条,良种编号内蒙古 S-SP-SM-021-2011,内蒙古审定良种。

可推广利用价值:饲用;建筑用材。无性繁殖,栽培技术简单。

8. 杠柳

拉丁文名：*Periploca sepium* Bunge.

萝藦科	*Asclepiadaceae*
杠柳属	*periploca* L.
别　名	羊奶条、山五加皮、香加皮、北五加皮

形态特征：落叶蔓性灌木，长可达1.5米。主根圆柱状，外皮灰棕色，内皮浅黄色。具乳汁，除花外，全株无毛。茎皮灰，褐色；小枝通常对生，有细条纹，具皮孔。叶卵状长圆形，长5～9厘米，宽1.5～2.5厘米，顶端渐尖，基部楔形，叶面深绿色，叶背淡绿色；中脉在叶面扁平，在叶背微凸起，侧脉纤细，两面扁平，每边20～25条；叶柄长约3毫米。聚伞花序腋生，花序梗和花梗柔弱。花萼裂片卵圆形，长3毫米，宽2毫米，顶端钝，花萼内面基部有10个小腺体。花冠紫红色，辐状，张开直径1.5厘米，花冠筒短，约长3毫米，裂片长圆状披针形，长8毫米、宽4毫米，中间加厚呈纺锤形，反折，内面被长柔毛，外面无毛。蓇葖2个，圆柱状，长7～12厘米，直径约5毫米，无毛，具有纵条纹。种子长圆形，长约7毫米、宽约1毫

米,黑褐色,顶端具白色绢质种毛;种毛长3厘米。花期5—6月,果期7—9月。

生长环境:干旱山坡,沟边,固定沙地,灌丛中,河边,河边沙地,河谷阶地,河滩,荒地,黄土丘陵,林缘,林中,路边,平原,丘陵林缘,沙质地,山谷,田边,固定或半固定沙丘等。

分布:无集中分布,零星分布于准格尔旗黄土丘陵地带,伊金霍洛旗、乌审旗、毛乌素沙地、库布其沙漠。

可推广利用价值:药用;种子可以榨油,基叶的乳汁含有弹性橡胶;薪炭林。

9. 大果榆

拉丁文名:*Ulmus macrocarpa* Hance

榆 科	Ulmaceae
榆 属	*Ulmus* L.
别 名	黄榆、山榆、毛榆

形态特征:落叶乔木或灌木,高达10米,树皮暗灰色或灰黑色,纵裂,粗糙。小枝有时(尤以萌发枝及幼树的小枝)两侧具对生而扁平的木栓翅,间或上下亦有微凸起的木栓翅。稀在较老的小枝上有4条等宽而扁平的木栓翅。幼枝有疏毛,叶宽呈倒卵形、倒卵状圆形、倒卵状菱形或倒卵形。稀椭圆形,厚革质,大小变异很大,通常长5~9厘米,宽3.5~5厘米,先端短尾状,稀骤凸,基部渐窄至圆,偏斜或近对称,两面粗糙,叶面密生硬毛或有凸起的毛迹。叶背常有疏毛,脉上较密,脉腋常有簇生

毛,侧脉每边6～16条,边缘具有大而浅钝的重锯齿,或兼有单锯齿。叶柄长2～10毫米,仅上面有毛或下面有疏毛。翅果宽呈倒卵状圆形、近圆形或宽椭圆形,长1.5～4.7(通常2.5～3.5)厘米,宽1～3.9(通常2～3)厘米。花果期4—5月。

生长环境:喜光,耐寒,稍耐盐碱,可在含盐量0.16%的土壤中生长。耐干旱瘠薄,根系发达,萌蘖性强,寿命长。能适应碱性、中性及微酸性土壤。

分布:零散分布,见于准格尔旗纳林、阿贵庙,鄂托克旗阿尔巴斯山区。

可推广利用价值:用材。翅果可用作榨油原料。可在油松退化林地内形成天然大果榆纯林,或混交油松。能在油松林内更新,形成大果榆油松林。

10. 辽东栎

拉丁文名:*Quercus liaotungensis* Koidz.

壳斗科　*Fagaceae*
栎　属　*Quercus* L.
别　名　橡树、青冈

形态特征:落叶乔木,高达15米,树皮灰褐色,纵裂。幼枝绿色,无毛,老时灰绿色,具淡褐色圆形皮孔。叶片倒卵形至长倒卵形,长5～17毫米,宽2～10毫米,顶端圆钝或短渐尖,基部窄圆形或耳形。叶缘有5～7对圆齿,叶面绿色,背面淡绿色。幼时沿脉有毛,老时无毛,侧脉每边5～7(10)条。叶柄长2～5毫米,无毛。雄花序生于新枝基部,长5～7毫米,花被6～7裂,雄蕊通常8枚;雌花序生于新枝上端叶腋,长0.5～2毫米,花被通常6裂。壳斗浅杯形,包着坚果约1/3,直径1.2～1.5毫米,高约8毫米;小苞

片长三角形,长1.5毫米,扁平微突起,被稀疏短绒毛。坚果卵形或卵状椭圆形,直径1～1.3毫米,高1.5～1.8毫米,顶端有短绒毛;果脐微突起,直径约5毫米。花期4—5月,果期9月。

生长环境:喜温、耐寒、耐旱、耐瘠薄。生于山地阳坡、半阳坡、山脊上。

分布:准格尔旗石窑庙仅有2株。

可推广利用价值:种子含淀粉51.3%、单宁8.3%;叶可饲柞蚕,种子可酿酒或作为饲料。可作为园林绿化树种。

11. 家榆

拉丁文名:*Ulmus pumila* L.

榆 科　*Ulmaceae*
榆 属　*Ulmus* L.
别 名　榆、白榆、榆树

形态特征:榆科榆属落叶乔木。高15～20米,树皮暗灰色,粗糙,纵裂,小枝柔软,有短柔毛或近无毛。叶互生,椭圆形、椭圆状卵形或椭圆状披针形,长2～8厘米,宽1.5～3厘米。翅果,近圆形。先端锐尖或渐尖,基部圆形或楔形,边缘通常具单锯齿,表面暗绿色,无毛,背面光滑或幼时有短柔毛。叶柄长2～8毫米,有毛;托叶披针形,长约1厘米。

花早春开放,簇生,有短梗;又称榆钱,可食用,花被片4～5瓣;雄蕊4～5枚。翅果倒卵形或近圆形,长1～1.5厘米,光滑,顶端凹陷,有缺口,种子位于中央。花期4月,果期5月。

生长环境:喜光,耐寒,抗旱,能适应干凉气候,喜肥沃、湿润而排水良好的土壤。不耐水湿,但能耐干旱瘠薄和盐碱土。萌芽力强,耐修剪。

分布:全市各地均有散生,其中在鄂托克前旗榆树壕集中分布。能自然更新。2015年8月被定为鄂尔多斯市市树。古树名木中,榆树的比重最大。

可推广利用价值:药用、用材、饲用。

12. 柽柳

拉丁文名：*Tamarix chinensis* Lour.

柽柳科 *Tamaricaceae*
柽柳属 *Tamarix* L.
别　名 中国柽柳、桧柽柳、华北柽柳

形态特征：灌木或小乔木，高2～5米。幼枝柔弱，开展而下垂，红紫色或暗紫色。叶鳞片状，钻形或卵状披针形，长1～3毫米，半贴生，背面有龙骨状柱。每年开花2～3次；春季在上一年生小枝节上侧生总状花序，花稍大而稀疏；夏、秋季在当年生幼枝顶端形成总状花序，组成顶生大型圆锥花序，常下弯，花略小而密生。每朵花具1线状钻形的绿色小苞片；花5朵，粉红色；萼片卵形；花瓣椭圆状倒卵形，长约2毫米；雄蕊着生于花盘裂片之间，长于花瓣；子房圆锥状瓶形；花柱3个，棍棒状。蒴果长约3.5毫米，3瓣裂。花期4—9月，果期6—10月。

生长环境：喜光、耐旱、耐寒，亦较耐水湿。极耐盐碱、沙荒地，根系发达，萌生力强，极耐修剪刈割。

分布：零散分布在准格尔旗、达拉特旗、杭锦旗、鄂托克前旗二道川等地。

可推广利用价值：药用，园林绿化树种。扦插繁殖，自然更新方式主要靠种子繁殖。

参见表2-6所示。

表2-6 柽柳种质资源情况

树种	调查地块	优良林分布数量及面积（亩）	长势			GPS 地理坐标
			树高(米)	冠幅(米)	郁闭度	
柽柳	鄂托克前旗	1205	1.1	1.3×1.4	24	778160 4183825 778942 4183870 779273 4183142 780927 4182888 7808810 4182668 778689 4182657
	乌审旗乌兰陶勒盖	5000	1.5	1.5×2	20	0348247 4281146 0352357 4298285 0367215 4344269 0368653 4357624

13. 桃叶卫矛

拉丁文名：*Euonymus maackii* Rupr.

卫矛科　*Celastraceae*
卫矛属　*Euonymus* L.
别　名　白杜、明开夜合、华北卫矛、丝绵木

形态特征：小乔木，高达6米。叶卵状椭圆形、卵圆形或窄椭圆形，长4~8厘米，宽2~5厘米，先端长渐尖，基部阔楔形或近圆形，边缘具细锯齿，有时极深而锐利；叶柄通常细长，常为叶片的1/4~1/3，但有时较短。聚伞花序3个至多花，花序梗略扁，长1~2厘米；花4朵，淡白绿色或黄绿色，直径约8毫米；小花梗长2.5~4毫米；雄蕊花药紫红色，花丝细长，长1~2毫米。蒴

第二章 乡土树种形态特征及生物学特征

果倒圆心状,4浅裂,长6~8毫米,直径9~10毫米,成熟后果皮粉红色;种子长椭圆状,长5~6毫米,直径约4毫米,种皮棕黄色,假种皮橙红色,全包种子,成熟后顶端常有小口。花期5—6月,果期9月。

生长环境:喜光,稍耐荫,耐寒,对土壤要求不严;耐干旱,也耐水湿。根系深而发达,能抗风。根蘖萌发力强,生长速度中等偏慢。生于草原区沙地、覆沙地、丘陵、山地。

分布:无集中分布,零星散生于准格尔旗羊市塔、阿贵庙,伊金霍洛旗红庆河,乌审旗图克、陶利等地。

可推广利用价值:园林绿化常用树种,鄂尔多斯市各公园、街道、小区等多有栽培。

14. 文冠果

拉丁文名：*Xanthoceras sorbifolium* Bunge.

无患子科　*Sapindaceae*
文冠果属　*Xanthoceras* Bunge
别　　名　文冠树、木瓜

形态特征:落叶灌木或小乔木,高可达到8米,胸径可达90厘米,树皮灰褐色;单数羽状复叶,互生,小叶9~19片,无柄,窄椭圆形至披针形,边缘具锐锯齿。总状花序,长12~25厘米,萼片5个,花瓣5个,白色,内侧基部有由黄变紫红的斑纹;花盘5裂,裂片背面有一角状橙色附属体,长为雄蕊的一半。子房被灰色绒毛。蒴果长达6厘米;种子长达1.8厘米,黑色而有光泽。花期春季,果期秋初。

生长环境：文冠果喜阳，耐半阴，对土壤适应性很强，耐瘠薄、耐盐碱，抗寒能力强，在绝对最低气温达－42.4℃时亦冻不死。在年降雨量仅150毫米的地区也有散生树木。

分布：属乡土树种，鄂尔多斯全市无集中分布面积，零星分布全市。此木古树较多。鄂托克前旗建有文冠果良种繁育基地。

可推广利用价值：其种子含油量达50%～70%，历史上人们采集文冠果种子榨油供点佛灯之用，以后逐渐转为食用。本种花序大而花朵密，春天白花满树，花期可持续20多天，是难得的观花小乔木，也是很好的蜜源植物；抗性很强，是荒山绿化的首选树种；木材坚实致密，纹理美，是制作家具及器具的好材料。文冠果具有较高的工业价值和营养价值，油脂成分在种子和种仁中含量极高。此外，文冠果的种仁除可加工食用油外，还可制作高级润滑油、高级油漆、增塑剂、化妆品等工业原料。由文冠果籽油制备的生物柴油，其相关烃脂类成分含量高，内含18C的烃类占93.4%，而且无硫、无氮等污染环境因子，符合理想生物柴油指标。文冠果的柴油提取技术已获成功，陕西、河南、甘肃、北京等国内地区已在积极筹建文冠果油大中型加工厂，日本、韩国、加拿大等国也纷纷建造文冠果园林基地及加工厂。

15. 百里香

拉丁文名：*Thymus mongolicus* Ronn.

唇 形 科 *Labiatae*
百里香属 *Thymus* L.
别　　名 地椒、地花椒、山椒、山胡椒、麝香草

形态特征：亚灌木，茎多数，匍匐或上升，最高约38厘米，被短柔毛；茎木质且多分枝；叶中度绿色，数量多，小而尖，小叶（4～20毫米长）对生，全缘，呈椭圆形，冠紫红、紫或淡紫、粉红色，有浓郁的香味，可混合其他草药作香料；花序头状，花顶簇生；花萼不规则，萼片呈绿色且上缘分三瓣、下缘裂开；花冠管状，4～10毫米长，呈白色、粉色或紫色；根浓密，呈灰褐色。花期7—8月。

生长环境：喜温暖，喜光和干燥的环境，对土壤的要求不高，但在排水良好的石灰质土壤中生长良好。生长在疏松、排水良好且向阳处的土地环境中。

分布：准格尔旗、达拉特旗、东胜、伊金霍洛旗、杭锦旗、乌审旗东部、鄂托克旗东部。

可推广利用价值：食用、药用。

16. 山杏

拉丁文名：*Prunus ansu* L.

蔷薇科　*Rosacea*
李　属　*Prunus* L.
别　名　野杏

形态特征：小乔木，高1.5～5米；树皮暗灰色；小枝无毛，稀幼时疏生短柔毛，灰褐色或淡红褐色；单叶，互生，叶片卵形或近圆形，长5～10厘米，宽4～7厘米，先端长渐尖或短骤尖，基部圆形至近心形，叶缘有细钝锯齿。两面无毛，稀下面脉腋间具短柔毛；叶柄长2～3.5厘米，无毛，有或无小腺体。

花单生，直径1.5～2厘米，先于叶开放；花梗长1～2毫米；花萼紫红色；萼筒钟形，基部微被短柔毛或无毛；萼片长圆状椭圆形，先端尖；花瓣近圆形或倒卵形，白色或粉红色。果实扁球形，直径1.5～2.5厘米，黄色或桔红色，有时具红晕，被短柔毛；果肉较薄而干燥，成熟时开裂；核扁球形，易与果肉分离，两侧扁，顶端圆形，腹面宽而锐利，种仁味苦。花期3～4月，果期6～7月。

生长环境：适应性强，喜光，根系发达，深入地下，具有耐寒、耐旱、耐瘠薄的特点。在-40℃～-30℃的低温下能安全越冬生长，在7-8月干旱季节，当土壤含水率仅达3%～5%时，山杏却叶色浓绿，生长正常。在深厚的黄土或冲积土上生长良好；在低温和盐渍化的土壤上生长不良。10～15年进入盛果期，寿命较长。常生于干燥向阳山坡上、丘陵草原或与落叶乔灌木混生。

分布：以准格尔旗、东胜区、伊金霍洛旗的人工林为主。用于退耕还林工程中的混交造林，其中准格尔旗建设了山杏原料林。

可利用推广价值：经济价值高，可绿化荒山、保持水土，也可作为沙荒防护林的伴生树种。同时可入药，还是滋补佳品。经加工提炼后还是一种高级的油漆涂料、化妆品及优质香皂的重要原料。种仁可制作饮料。

17. 山桃

拉丁文名：*prunus davidiana*（Carr.）Franch.

蔷薇科 *Rosacea*
李 属 *Prunus L.*
别 名 花桃

形态特征：乔木，高 4~6 米；树皮光滑且为暗紫色，有光泽，嫩枝红紫色。单叶，互生，叶片披针形或者椭圆状披针形，长 5~12 厘米，宽 1.5~4 厘米，先端渐尖，基部楔形，两面无毛，叶边具细锐锯齿；叶柄长 1~2 厘米，无毛，常具腺体。

花单生，先于叶开放，直径 2~3 厘米；花梗极短或几无梗；花萼无毛；萼筒钟形；萼片卵形至卵状长圆形，紫色，先端圆钝；花瓣倒卵形或近圆形，长 10~15 毫米，宽 8~12 毫米，粉红色，先端圆钝，稀微凹；雄蕊多个，几与花瓣等长或稍短；子房被柔毛，花柱长于雄蕊或近等长。

果实近球形，直径 2.5~3.5 厘米，淡黄色，外面密被短柔毛；果肉薄而干，不可食，成熟时不开裂；核球形或近球形，两侧不压扁，顶端圆钝，基部楔形，表面具纵、横沟纹和孔穴，与果肉分离。花期 3—4 月，果期 7—8 月。

生长环境：喜光，耐寒，对土壤适应性强，耐干旱、耐瘠薄、怕涝。

分布：全市各地。

可推广利用价值：可做砧木，也可供观赏。木材质硬而重，可制作各种细工及手杖。果核可做玩具或念珠。种仁可榨油供食用。

18. 中间锦鸡儿

拉丁文名：*Caragana intermedia* Kuang et H.C.Fu

豆　　科　*Leguminosae*
锦鸡儿属　*Caragana* Fabr.
别　　名　小柠条

形态特征：灌木，高0.7～1.5米。老枝黄灰色或灰绿色，幼枝被柔毛。羽状复叶有3～8对小叶；托叶在长枝者硬化成针刺，长4～7毫米，宿存；叶轴长1～5厘米，密被白色长柔毛，脱落；小叶椭圆形或倒卵状椭圆形，长3～10毫米，宽4～6毫米，先端圆或锐尖，很少楔形，有短刺尖，基部宽楔形，两面密被长柔毛。花梗长10～16毫米，关节在中部以上，很少在中下部；花萼管状钟形，长7～12毫米，宽5～6毫米，密被短柔毛，萼齿三角状；花冠黄色，长20～25毫米，旗瓣宽卵形或近圆形，瓣柄为瓣片的1/4～1/3，翼瓣长圆形，先端稍尖，瓣柄与瓣片近等长，耳不明显；子房无毛。荚果披针形或长圆状披针形，扁状，长2.5～3.5厘米，宽5～6毫米，先端短渐尖。花期5月，果期6月。

生长环境：干草原及荒漠草原带的沙生旱生植物，在半固定和固定沙地上可为建群种，形成沙地灌丛群落；也可常散生于沙质荒漠化草原群落中，而形成灌丛化草原群落。耐寒、耐酷热，抗干旱，耐贫瘠，不耐涝。轻微沙埋可促进生长，产生不定根，形成新植株。

分布：全市各地皆有，集中分布在鄂托克前旗。东胜区建有采种基地。鄂托克前旗的中间锦鸡儿采种基地种子被审定为良种。

良种：鄂托克前旗中间锦鸡儿采种基地种子，良种编号内蒙古S－SB－CZ－022－2011，内蒙古审定良种。

可推广利用价值：饲用；防风固沙，可做防护林。

参见表2－7所示。

表2-7 中间锦鸡儿种质资源情况

树种	调查地块	优良林分布数量及面积（亩）	长势 树高(米)	长势 冠幅(米)	长势 郁闭度	GPS地理坐标
中间锦鸡儿	鄂托克前旗	20000	1.6	1.5×1.4	60	4251651 645404 4266206 648244 4283531 693624 4277250 669419 4281566 678068 4266206 648245
中间锦鸡儿	乌审旗沙尔利格	600	1.5	1.4×1.6	45	0275239 4228028 0276841 4226789 0281338 4224417 0283221 4223661
中间锦鸡儿	鄂托克前旗拜图	10000	1.6	1.4×1.6	60	4248203 765673 4238645 775215

19. 柠条锦鸡儿

拉丁文名：*Caragana korshinskii* Kom.

豆　　科　*Leguminosae*
锦鸡儿属　*Caragana* Fabr.
别　　名　柠条、大白柠条

形态特征：灌木，高1～5米，树干基部直径3～4厘米；树皮金黄色，有光泽；枝条细长，小枝灰白色，具条棱，密被绢状柔毛；嫩枝被白色柔毛；长枝上的托叶宿存并硬化成针刺小叶披针形或狭长圆形，长7～8毫米，宽2～7毫米，先端锐尖或稍钝，有刺尖，基部宽楔形，灰绿色。花梗长6～15毫米，密被柔毛，关节在中上部；花萼管状钟形，长8～9毫米，宽4～6毫米，密被伏贴短柔毛，萼齿三角形或披针状三角形；花冠长20～23毫米，旗瓣宽卵形或近圆形，先端截平而稍凹，宽约16毫米，具短瓣柄；翼瓣瓣柄细窄，稍短于瓣片，耳短小，齿状；龙骨瓣具长瓣柄；耳极短；子房披针形，无毛。荚果扁，披针形，长2～2.5毫米，宽6～7毫米，有时被疏柔毛。花期5月，果期6月。

生长环境：沙漠旱生植物，生于半固定和固定沙地，常为优势种。

分布：集中分布在达拉特旗白土梁、银肯沙，杭锦旗巴音恩格尔，库布其沙漠西段，鄂托克旗五大沙，鄂托克前旗陶利；全市各地都有栽培。杭锦旗柠条锦鸡儿采种母树林种子、达拉特旗采种母树林种子已审定为自治区级良种，鄂尔多斯市现有杭锦旗国家柠条锦鸡儿良种基地。

良种： 杭锦旗柠条锦鸡儿采种母树林种子，良种编号内蒙古 S-SS-CK-007-2009；达拉特旗柠条锦鸡儿采种母树林种子，良种编号内蒙古 S-SS-CK-008-2009，内蒙古审定良种。

可推广利用价值： 柠条锦鸡儿的枝叶繁茂，产草量高，营养丰富，适口性强，是家畜的优良饲用灌木。柠条锦鸡儿还是很好的防风固沙、水土保持树种，可调节小气候，涵养水源，改变自然生态环境。此外，它还是很好的蜜源植物，其根、花、种子均可入药，有滋阴养血、通经、镇静、止痒等效用。

参见表2-8所示。

表2-8 柠条锦鸡儿种质资源情况

树种	调查地块	优良林分布数量及面积（亩）	长势			GPS地理坐标
			树高(米)	冠幅(米)	郁闭度	
柠条锦鸡儿	杭锦旗巴拉贡	25000	1.5	1.5×1.8	78	191401 4477767 194998 4477763 194898 4476889 196139 4475443 195980 4475318 195750 4475015 193936 4474808 189977 4474894
	达拉特旗中和西	10000	1.8	1.8×2.1	81	0405611 4450295 0402311 44513000 0405607 4427190 0402117 4453114
	杭锦旗伊和乌素	2000	0.7	0.3×0.4	10	279888 4442604 280759 4441444 280356 4441161 279669 4441760 278951 4442270 278890 4442216
	鄂托克旗苏米图额尔和图	4890	1.3	2×2.4	25	38°42′56.01″ 108°3′47.5″ 38°22′43.2″ 108°5′16.1″ 38°10′24.4″ 108°2′40.1″ 38°15′10.5″ 108°17′5.3″

20. 垫状锦鸡儿

拉丁文名：*Caragana spinifera* Kom.

豆　　科　*Leguminosae*
锦鸡儿属　*Caragana* Fabr.
别　　名　康青锦鸡儿、藏锦鸡儿、黑猫头刺

形态特征：灌木，高 15～30 厘米，多分枝，针刺密。树皮灰黄色，多裂纹；枝条短而密，灰褐色，密被长绒毛。托叶狭卵圆形或圆形，长 1～3 毫米，叶轴全部宿存并硬化成针刺，宿存；小叶 6～8 个，羽状排列，自叶轴成锐角展开，条形，常卷成管状，质较硬，长 6～10 毫米，宽 0.5～1 毫米，先端锐尖，有尖刺，密生基部楔形，无毛或被短柔毛。花单生，白色，长 20～25 毫米，几无梗；花萼管状；萼筒长 10～15 毫米；萼齿三角形，先端稍钝，密被灰白色长柔毛；花冠黄色，蝶形；旗瓣倒卵形，翼瓣的耳短；子房密生柔毛。荚果短，椭圆形，外面密被长柔毛、里面密生毡毛。荚果长约 3 厘米。花期 6 月。

生长环境：垫状锦鸡儿往往形成比较单纯的群落，其中，生有稀疏的芨芨草、无芒隐子草、戈壁针茅以及低矮的杂类草，如细叶葱、冷蒿、梯叶蒿、亚菊等。在沙漠化过程中，由沙质沉积，往往形成川青锦鸡儿、黑沙蒿群落，并混生有中亚狼尾草、沙芦草等喜沙草类。当草场退化较重时，还会侵入较多的骆驼蒿。

分布：生于山坡灌丛处以及山前。垫状锦鸡儿分布于内蒙古（鄂尔多斯、巴彦淖尔、阿拉善）、宁

夏、甘肃、四川、青海和西藏等地；蒙古国南部也有分布。见于杭锦旗、鄂托克旗、鄂托克前旗。

可推广利用价值：饲用价值。

参见表2-9所示。

表2-9 垫状锦鸡儿种质资源情况

树种	调查地块	优良林分布数量及面积（亩）	长势			GPS 地理坐标
			树高(米)	冠幅(米)	郁闭度	
垫状锦鸡儿	鄂托克旗蒙西苏亥图	555	0.15	2.8×1.9	25	39°52′13.2″ 107°13′20.28″ 39°53′22.2″ 107°14′31.6″ 39°54′43.4″ 107°14′58″
	鄂托克前旗上海庙城川	50000				4242388 707123 4242915 710398 4266206 648244 4247464 701788 4261058 663203 4251651 645404 4266206 648244 4283531 693624 4277250 669419 4281566 678068 4266206 648244

21. 狭叶锦鸡儿

拉丁文名：*Caragana stenophylla* Pojark.

豆　　科　*Leguminosae*
锦鸡儿属　*Caragana* Fabr.
别　　名　红柠条、羊柠角、红刺、柠角

形态特征：矮灌木，高15～70(150)厘米。树皮灰绿色，黄褐色或深褐色；小枝细长，具条棱，嫩时被短柔毛。假掌状复叶有4片小叶；托叶在长枝者硬化成针刺，刺长2～3毫米；小叶线状披针形或线形，长4～11毫米，宽1～2毫米，两面绿色或灰绿色，常由中脉向上折叠。花梗单生，长5～10毫米，关节在中部稍下；花萼钟状管形，长4～6毫米，宽约3毫米，无毛或疏被毛；萼齿三角形，长约1毫米，具短尖头；花冠黄色，旗瓣圆形或宽倒卵形，长14～17

(20)毫米,中部常带橙褐色,瓣柄短宽,翼瓣上部较宽,瓣柄长约为瓣片的1/2,耳长圆形,龙骨瓣的瓣柄较瓣片长1/2,耳短钝;子房无毛。荚果圆筒形,长2～2.5厘米,宽2～3毫米。花期4—6月,果期7—8月。

生长环境:生于沙地、黄土丘陵、低山阳坡。

分布:见于全市各地;无集中分布,零散见于鄂托克前旗、鄂托克旗、杭锦旗。

推广利用价值:饲用植物。

22. 塔落岩黄芪

拉丁文名:*Hedysarumlaeve* Maxim.

豆　　科　　*Leguminosae*
岩黄芪属　　*Hedysarum* Fabr.
别　　名　　羊柴、杨柴

形态特征:半灌木,高1～2米,树皮灰褐色或者灰黄色,常成纤维状脱落。小枝黄绿色或者灰绿色,具纵条棱。单数羽状复叶,具小叶7～23片,上部的叶具少数小叶,中下部的叶具多数小叶;托叶卵形,膜质,褐色,早落;最上部叶轴有的呈针刺状,小叶具短柄,条形或条状锯圆形,长10～30毫米,宽0.5～2毫米,先端尖或钝,具小凸尖,基部楔形,上面密布红褐色腺点,并疏被平伏短柔毛,下面被稍密的短伏毛;枝中部及下部的小叶矩圆形、长椭圆形或者宽椭圆形,长10～35毫米,宽3～5毫米,先端锐尖或钝。总装花序腋生,具花10～30朵,结果时延伸长可达30厘米;苞片甚小,三角状卵形,褐色;花紫红色,长15～20毫米;花萼钟形,被短柔毛,上萼齿2个,三角形,较短,下萼齿3个,较长,锐尖;起瓣宽,倒卵形,顶端微凹,基部渐狭,翼瓣小,长为旗瓣的1/3,具较长耳;龙骨瓣约与旗瓣等长;子房无毛。荚果通常有1～2荚节,荚节矩圆状椭圆形,两面扁平,具隆起的网状脉纹,无毛。花期6—10月,果期9—10月。

生长环境:沙生中旱生植物。生长于半固定、流动沙地,或黄土丘陵覆沙地。

分布：见于全市各地，集中分布在鄂托克旗、杭锦旗、鄂托克前旗。

良种：鄂托克旗塔落岩黄芪采种基地种子，良种编号内蒙古S—SB—HL—003—2012，内蒙古审定良种。

可推广利用价值：饲用植物。羊喜食其叶、花及果；骆驼终年均喜食；开花季节，马喜食。牧民常采集它的花用来补饲羔羊。花期刈制的干草，各类家畜均喜食。其粗蛋白质含量高，而粗纤维较少，蛋白质中的必需氨基酸含量相当高，大致和紫花苜蓿的干草相当，这是营养价值高的主要标志。塔落岩黄芪亩产干草一般可达150～250千克，种子（荚果）产量每亩10千克左右。除饲用外，亦是治沙的优良植物。

参见表2-10所示。

表2-10 塔落岩黄芪种质资源情况

树种	调查地块	优良林分布数量及面积（亩）	长势			GPS地理坐标
			树高（米）	冠幅（米）	郁闭度	
塔落岩黄芪	鄂托克旗	320000	1.7	1.5×1.4	24	284213 4361463 284795 4360409 285332 4360538 285966 4360237 290034 4361088 290572 4362255 290845 4363841 289748 4364529
	鄂托克前旗城川	3580	1.6	1.4×1.3	22	4249383 739121 4249989 739837 4246098 744710 4245370 743464

23. 细枝岩黄芪

拉丁文名：*Hedysarum scoparium* Fisch. et Mey.

豆　　科　*Leguminosae*
岩黄芪属　*Hedysarum* Fabr.
别　　名　花棒、花帽、花柴

形态特征：半灌木，高80～300毫米。茎直立，多分枝，幼枝绿色或淡黄绿色，被疏长柔毛，茎皮亮黄色，呈纤维状剥落。托叶卵状披针形，褐色干膜质，长5～6毫米，下部合生，易脱落；茎下部叶具小叶7～11枚，上部的叶通常具小叶3～5枚；最上部的叶轴完全无小叶或仅具1枚顶生小叶。小叶片灰绿色，线状长圆形或狭披针形，长15～30毫米，宽3～6毫米，无柄或近无柄，先端锐尖，具短尖头，基部楔形，表面被短柔毛或无毛，背面被较密的长柔毛。总状花序腋生，上部明显超出叶片，总花梗被短柔毛；花少数，长15～20毫米，外展或平展，疏散排列；苞片卵形，长1～1.5毫米；具2～3毫米的花梗；花萼钟状，长5～6毫米，被短柔毛，萼齿长为萼筒的2/3，上萼齿为宽三角形，稍短于下萼齿。花冠紫红色，旗瓣倒卵形或倒卵圆形，长14～19毫米，顶端钝圆，微凹；冀瓣为线形，长为旗瓣的一半；

龙骨瓣通常稍短于旗瓣。子房线形,被短柔毛。荚果2~4节,节荚宽卵形,长5~6毫米,宽3~4毫米,两侧膨大,具明显细网纹和白色密毡毛;种子圆肾形,长2~3毫米,淡棕黄色,光滑。花期6—9月,果期8—10月。

生长环境:生于半荒漠的沙丘或沙地,荒漠前山冲沟中的沙地。

分布:集中分布在鄂托克旗、杭锦旗、伊金霍洛旗。

良种:鄂托克旗细枝岩黄芪采种基地种子,良种编号内蒙古S-SB-HS-002-2012,内蒙古审定良种。

可推广利用价值:细枝岩黄芪是速生高产燃料灌木种,枝条坚硬,火力强而持久,适于平茬采伐烧柴,收获产量很高。株龄6~9年的平茬采伐量每亩2000~5000千克,即每年平均每亩生长量为356~583千克。6龄平茬后,次年新生株丛平均高达2.2米,冠幅2.6米,地径1.9厘米,相当于3~4龄株体。适应在荒漠、半荒漠丘间低地、低山残丘和流动、半流动沙丘上播种,防风固沙,保持水土。花期长达4~5个月,异花授粉,是很好的蜜源植物。幼嫩枝叶肥分含量高,木质化程度低,沤制易腐烂,可作为绿肥压青,肥田增产。细枝岩黄芪是采麻用纤维植物。7月份则顶生长缓慢至停止,而侧生长加快,初生皮层胀裂呈条片状剥离,撕下皮层,稍加揉搓就是拉力大、韧度强的灰白色花棒麻。6龄花棒平茬后,次年萌发的新枝条即可采收麻皮,单株可采麻21克,每亩可采麻3~5千克。细枝岩黄芪种实,可作为家畜饲料,炒熟后可当豆子食用,也可炒熟后掺和粮食加工成炒面,且带油香味。还可以榨油食用。花棒在饲用、食用、油用上有很大潜力。

参见表2—11所示。

表 2-11　细枝岩黄芪种质资源情况

树种	调查地块	优良林分布数量及面积（亩）	长势			GPS 地理坐标
			树高（米）	冠幅（米）	郁闭度	
细枝岩黄芪	鄂托克旗	10000	1.7	1.5×1.4	21	248111　4268909　252746　4267153 250461　4265773　251681　4069967 273541　4277367　276749　4272419 277214　4273656　272455　4276546
	鄂托克前旗	1250	1.4	1.5×1.6	24	696702　4261608　696040　4260881 700230　4258301　700803　4259999 　　　　698003　4261322

24. 红柳

拉丁文名：*Tamarix ramosissima* Ledeb.

柽柳科　*Tamaricaceae*
柽柳属　*Tamarix* L.
别　名　柽柳、多枝柽柳

形态特征：灌木或小乔木，通常高 2～4(6) 米。多分枝，往年生枝紫色红色或红棕色。叶披针形或三角状倒卵形，几乎贴于茎上。总状花序生于当年生枝上，长 2～5 厘米，宽 3～5 厘米组成顶生的大型圆锥花序；花梗短于或等于花萼；萼片 5 枚，卵形，渐尖或微钝，边缘膜质，长约 1.5 毫米；花瓣 5 片，倒卵圆形，长 1.5～2 毫米，粉红色或紫红色，直立，花后宿存；花盘 5 裂，每裂先端有深或浅的凹缺；雄蕊 5 枚，着生于花盘裂片间，超出或等长于花冠；花柱 5 根。蒴

果长圆锥形,长3～5毫米,熟时3裂;种子多数,顶端簇生毛。花期5—8月,果期6—9月。果熟后种子即行飞散,种子因小而难于采集。种子长0.4～0.5毫米,每克种子约6万粒。寿命可达百年以上。

生长环境:红柳耐轻度盐碱,耐热,尤其是对沙漠地区的干旱和高温有很强的适应力。喜低湿而微具盐碱的土壤,在土壤含盐量0.5%～0.7%的盐渍化土壤上能很好生长,但在土壤表层0～40厘米含盐量2%～3%的盐土上生长不良。对流沙的适应能力差,在高大流沙丘上栽植,亦生长不良。红柳主要生长在干旱地区的湖盆边缘和河流沿岸,成为盐化低地及其上沙丘群上的一种建群植物,群落覆盖度20%～30%至40%～70%。伴生植物种随生长环境条件的不同亦有很大差别。

分布:见于全市各地,准格尔旗、达拉特旗、伊金霍洛旗、鄂托克前旗较多。无集中分布面积。

可推广利用价值:沙漠盐碱地造林树种;饲料用;蜜源植物。

25. 细穗柽柳

拉丁文名:*Tamarix leptostachys* Bunge.

柽柳科　*Tamaricaceae*
柽柳属　*Tamarix* L.
别　名　无

形态特征:灌木,高1～3(5)米。老枝树皮淡棕色,青灰色或火红色;当年生木质化生长枝呈灰紫色或火红色,小枝略紧靠;生长枝上的叶狭卵形、卵状披针形,急尖,半抱茎,略下延;营养枝上的叶狭卵形、卵状披针形,长1～4(6)毫米,宽0.5～3毫米(基部),急尖,下延。总状花序细长,长4～12厘米,宽2～3毫米,总花梗长0.5～2.5厘米,生于当年生幼枝顶端,集浅顶生密集的球形或卵状大型圆锥花序;苞片钻形,长1.15毫米,与花梗等长或与花萼几等长;花梗与花萼等长或略长。花5朵,朵形小;花萼长0.7～0.9毫米;萼片卵形,长0.5～0.6毫米,宽0.4毫米,钝渐尖,边缘窄膜质;花瓣倒

卵形,钝状,长约1.5毫米,宽0.5毫米,长于花萼约1倍,淡紫红色或粉红色,一半向外弯,早落;花盘5裂,偶见再2裂成10片;雄蕊5枚,花丝细长,伸出花冠之外,较花瓣长2倍。花丝基部变宽,着生在5个花盘裂片的顶端,偶见每一花盘裂片再2裂,则雄蕊生于花盘裂片间,花药心形,无尖突。子房细圆锥形,花柱3个。蒴果细,长1.8毫米,宽0.5毫米,高出花萼2倍以上。花期6月上旬至7月上旬。

生长环境:轻度盐渍化的渠畔、道旁。

分布:无集中分布,散生于杭锦旗呼和木独,以及鄂托克旗查布。

26. 长穗柽柳

拉丁文名:*Tamarix elongata* Ledeb.

柽柳科　*Tamaricaceae*
柽柳属　*Tamarix* L.
别　名　无

形态特征:大灌木,高1~3(5)米。枝短而粗壮,挺直,末端粗钝。老枝灰色,上年生枝淡灰黄色或淡灰棕色;营养小枝淡黄绿色而有灰蓝色的色调。生长枝上的叶披针形、线状披针形或线形,长达4~9(10)毫米,宽(0.3)1~3毫米,渐尖或急尖,向外伸,下面扩大,基部宽心形,背面隆起,半抱茎,具耳。营养小枝上的叶心状披针形或披针形,半抱茎,短下延,微具耳,向上披针形紧缩。在生长枝的叶腋内,秋天生出长达 5 毫米的浅黄色花芽。总状花序侧生在上年生枝上,春天于萌叶前或萌叶时出现,单生,粗壮,长 6~15(25)厘米,通常长约 12 厘米,粗 0.4~0.8(1.5)厘米。基部有具苞片的总花梗,总花梗长 1~2 厘米,苞片线状披针形或宽线形,渐尖,淡绿色或膜质,长 3~6 毫米,明显地超出花萼(连花梗)或与花萼等长,宽 0.3~0.7 毫米,盛花时略向外倾,花末向外反折;花梗比花萼略短或等长。花较大,4 朵,花萼深钟形,萼片卵形,钝或急尖,边缘膜质,具牙齿;花瓣卵状椭圆形或长圆状倒卵形,两侧不等,先端圆钝,长 2~2.5 毫米,宽 1~1.3 毫米,盛花时充分张开向外折,粉红色,花后即落;假顶生花盘薄,4 裂;雄蕊 4(偶有 6~7)枚,与花瓣等长或略长;花丝基部变宽,逐渐过渡到花盘裂片;花药钝或顶端具小突起,粉红色。子房卵状圆锥形,长 1.3~2 毫米,几无花柱,柱头 3 枚。蒴果形为子房,长 4~6 毫米,宽 2 毫米,果皮枯草质,淡红色或橙黄色。春季 4—5 月开花。秋季偶二次开花,二次花为 5 朵。

生长环境:耐盐碱,旱生植物。生于荒漠区的盐湿地带及流沙边缘的盐化沙地。

分布:无集中分布,散生于杭锦旗巴音乌素。

可利用价值:饲用植物。

27. 柳叶鼠李

拉丁文名:*Rhamnus erythroxylon* Pall.

鼠李科 *Rhamnaceae*
鼠李属 *Rhamnus* L.
别　名 黑格兰、红木鼠李

形态特征:灌木,稀乔木,高达 2 米。幼枝红褐色或红紫色,平滑无毛,小枝互生,顶端具针刺。叶纸质,互生或在短枝上簇生,条形或条状披针形,长 3~8 厘米,宽 3~10 毫米,顶端锐尖或钝,基部楔形,边缘有疏细锯齿,两面无毛,侧脉每边 4~6 条,不明显,中脉上面平,下面明显凸起;叶柄长 3~15 毫米,无毛或有微毛;托叶钻状,早落。花单性,雌雄异株,黄绿色,4 基数,有花瓣;花梗长约 5 毫米,

无毛;雄花数个至20余个簇生于短枝端,宽钟状;萼片三角形,与萼筒近等长;雌花萼片狭披针形,长约为萼筒的2倍,有退化雄蕊,子房2~3室,每室有1胚珠,花柱长,2浅裂或近半裂,稀3浅裂。核果球形,直径5~6毫米,成熟时黑色,通常有2颗,稀3个分核,基部有宿存的萼筒;果梗6~8毫米;种子倒卵状圆形,长3~4毫米,淡褐色,背面有长为种子4/5的上宽下窄的纵沟。花期5月,果期6—7月。

生长环境:生于干旱沙丘、荒坡或乱石中,或山坡灌木丛中。

分布:无集中分布,零星见于准格尔旗的阿贵庙,东胜区的神山,乌审旗,鄂托克旗的小额尔图、阿尔巴斯山区,鄂托克前旗的昂素、珠和、城川等地。其中乌审旗有一定规模的散生分布。

可推广利用价值:柳叶鼠李的叶子有浓香味,在陕西民间用之代茶。柳叶鼠李的叶子可用于消化不良、腹泻、风火牙痛、小儿食积、热病津伤或温病后期诸症。

参见表2-12所示。

表2-12 柳叶鼠李种质资源情况

树种	调查地块	优良林分布数量及面积(亩)	长势			GPS 地理坐标
			树高(米)	冠幅(米)	郁闭度	
柳叶鼠李	乌审旗苏力德陶尔庙	散生(500)	2.7	2.4×2.9	10	0285538 4269713 0285757 4270584 0286104 4277687 0286216 4278198
	鄂托克旗小额尔图	沿河川散生	2.5	1.8×2.1		0256860 4291160

28. 梭梭

拉丁文名：*Haloxylon ammodendron*(C. A. Mey.)Bunge

藜　科　*Chenopodiaceae*
梭梭属　*Haloxylon* Bunge
别　名　琐琐、梭梭柴

形态特征：半乔木，高 1～4 米。树皮灰黄色，二年生枝灰褐色或淡黄褐色，具环状裂隙；当年生枝细长，斜升或弯垂。叶退化成鳞片状，宽三角形，稍开展，先端钝，腋间具棉毛。花单生于叶腋；小苞片舟状，宽卵形，与花被近等长，边缘膜质；花被片矩圆形，先端钝，背面先端之下 1/3 处生有翅状附属物；翅状附属物为肾形至近圆形，宽 5～8 毫米，斜伸或平展，边缘波状或啮蚀状，基部心形至楔形。花被片在翅以上部分稍内曲并围抱果实；花盘不明显。胞果黄褐色，果皮不与种子贴生。种子黑色，直径约 2.5 毫米；胚盘旋成上面平下面凸的陀螺状，暗绿色。花期 5—7 月，果期 9—10 月。

生长环境：强旱生－盐生植物。生于固定半固定沙丘，砂砾质－碎石沙地，以及干河床。

分布：见于杭锦旗的呼和木独。

可推广利用价值：梭梭材质坚重而脆，燃烧火力极强，且少烟，号称"沙煤"，是产区的优质燃料，又是搭盖牲畜棚圈的好材料。嫩枝是骆驼赖以度过冬春的好饲料，又为重要药材肉苁蓉的寄主。还可用来防风固沙。故而具有重要的经济价值，为国家重点保护植物。

参见表 2－13 所示。

表 2－13 梭梭种质资源情况

树种	调查地块	优良林分布数量及面积（亩）	长势			GPS 地理坐标
			树高（米）	冠幅（米）	郁闭度	
梭梭	杭锦旗呼和木独	500 亩	2.5	1.2×1.7	40	0195049　4503900

29. 盐爪爪

拉丁文名：*Kalidium foliatum*（Pall.）Moq.

藜　　　科　*Chenopodiaceae*
盐爪爪属　*Kalidium foliatum*（Pall.）Moq.
别　　　名　着叶盐爪爪、碱柴、灰碱柴

形态特征：小半灌木，高 20～50 厘米。茎直立或平卧，多分枝，木质老枝较粗壮，灰褐色或黄褐色，小枝上部近于草质，黄绿色。叶互生，圆柱形，肉质多汁，长 4～10 毫米，宽 2～3 毫米，开展成直角，或稍向下弯，顶端钝，基部下延，半抱茎。穗状花序，顶生，长 8～15 毫米，直径 3～4 毫米，每 3 朵花生于 1 鳞状苞片内；花被合生，果时扁平呈盾状，盾片宽五角形，周围有狭窄的翅状边缘；雄蕊 2 枚，伸出花被外，子房卵形，柱头 2 根。胞果圆形；种子直立，近圆形，两侧压扁，密生乳头状小突起。花果期 7—9 月。

生长环境：生于洪积扇的扇缘地带及盐湖边的潮湿盐土、盐化沙地、砾石荒漠的低湿处和胡杨林下，常常形成盐土荒漠及盐生草甸。

分布：见于全市各地。

可推广利用价值：中等饲用植物。干枯植株时骆驼喜食，马和羊少食；新鲜时骆驼少食，其他牲畜不食。与骆驼刺一样，是骆驼的牧草。

参见表 2-14 所示。

表 2-14　盐爪爪种质资源情况

树种	调查地块	优良林分布数量及面积（亩）	长势			GPS 地理坐标
			树高（米）	冠幅（米）	郁闭度	
盐爪爪	鄂托克前旗	500	2.5	1.2×1.7	40	0195049 4503900

30. 珍珠猪毛菜

拉丁文名：*salsola passerina* Bunge.

藜　　科	*Chenopodiaceae salsola* L.
猪毛菜属	*salsola* L.
别　　名	珍珠柴

形态特征：半灌木，高 5～30 厘米。树皮灰褐色或灰色，不规则剥裂。根粗壮，木质化，外皮暗褐色或灰褐色。多分枝，老枝灰褐色，有毛，嫩枝黄褐色，常弧形弯曲，密被鳞片状丁字形毛，茎弯曲，常劈裂。叶互生，锥形或三角形，长 2.5～3 毫米，肉质。花穗状，着生于枝条上部；花被片 5 枚，长卵形，有丁字形毛。果时自北侧中部横生干膜质翅，翅黄褐色或淡紫色，三大两小。胞果倒卵形，种子圆形，横生或直立。花果期 9 月。

生长环境：超旱生植物，生于沙砾戈壁或盐碱湖盆地。

分布：无集中分布面积，零星或小片分布于杭锦旗的巴音恩格尔、鄂托克旗的阿尔巴斯山区、鄂托克前旗的布拉格。

可利用价值：种子含油率 17%。骆驼的主要饲料。

31. 花叶海棠

拉丁文名：*Malus transitoria*（Batalin）C. K. Schneid.

蔷薇科 *Rosaceae*
苹果属 *Malus* L.
别　名　花叶杜梨、马杜梨、小白石枣、涩枣子、细弱海棠

形态特征：灌木至小乔木，高可达1～5米。叶片卵形至广卵形，长2～2.5厘米，宽2～4.5厘米，先端急尖，基部圆形至宽楔形，边缘有不整齐锯齿，通常3～5个不规则深裂，稀不裂，裂片长卵形至长椭圆形，先端急尖，上面被绒毛或近于无毛，下面密被绒毛；叶柄长1.5～3.5厘米，有窄叶翼，密被绒毛；托叶叶质，卵状披针形，先端急尖，全缘，被绒毛。花序近伞形，具花3～6朵，花梗长1.5～2厘米，密被绒毛；苞片膜质，线状披针形，具毛，早落；花直径1～1.5厘米；萼筒钟状，密被绒毛；萼片三角卵形，先端圆钝或微尖，全缘，长约3毫米，内外两面均密被绒毛，比萼筒稍短；花瓣卵形，长8～10毫米，宽5～7毫米，基部有短爪，白色；雄蕊20～25枚；花丝长短不等，比花瓣稍短；花柱3～5个，基部无毛，比雄蕊稍长或近等长。果实近球形，直径6～8毫米，萼片脱落，萼洼下陷；果梗长1.5～2厘米，外被绒毛。花期5月，果期9月。

生长环境：中生植物，生于山坡、山沟丛林中或黄土丘陵。

分布：准格尔旗石窑庙有1株。

可推广利用价值：园林绿化。叶、果可作为牛、羊饲料，属于低等饲用植物。

32. 蕤核

拉丁文名：*Prinsepia uniflora* Batal.

蔷薇科　*Rosaceae*
扁核木属　*Prinsepia* Royle
别　　名　扁核木、马茹

形态特征：灌木，高1~1.5米。老枝灰褐色，有腋生枝刺，小枝圆柱形，绿色或带灰绿色，有棱条，被褐色短柔毛或近于无毛；枝刺长可达3.5厘米，刺上生叶，近无毛；冬芽小，卵圆形或长圆形，近无毛。叶片长圆形或卵状披针形，长3.5~9厘米，宽1.5~3厘米，先端急尖或渐尖，基部宽楔形或近圆形，全缘或有浅锯齿，两面均无毛，上面中脉下陷，下面中脉和侧脉突起；叶柄长约5毫米，无毛。花多数成总状花序，长3~6厘米，生于叶腋或生于枝刺顶端；花梗长4~8毫米，总花梗和花梗有褐色短柔毛，逐渐脱落；小苞片披针形，被褐色柔毛，脱落；花直径约1厘米；萼筒杯状，外面被褐色短柔毛，萼片半圆形或宽卵形，边缘有齿，比萼筒稍长，幼时内外两面有褐色柔毛，边缘较密，以后脱落；花瓣白色，宽倒卵形，先端啮蚀状，基部有短爪；雄蕊多枚，以2~3轮着生在花盘上，花盘圆盘状，紫红色；心皮1片，无毛，花柱短，侧生，柱头为头状。核果长圆形或倒卵长圆形，长1~1.5厘米，宽约8毫米，紫褐色或黑紫色，平滑无毛，被白粉；果梗长8~10毫米，无毛；萼片宿存；核平滑，紫红色。花期4—5月，果熟期8—9月。

生长环境：喜暖中生植物，生于低山丘陵阳坡或固定沙地。

分布：零散分布于乌审旗的河南、沙尔利格，鄂托克前旗的珠和。小片集中分布。

可推广利用价值：种子富含油脂，一般出油率30%左右。油呈暗棕黄色，澄清透明，凝固后白色如猪油。油可供食用、制皂、燃灯用。嫩尖可当蔬菜食用，俗名青刺尖。在云南，其茎、叶、果、根还用于治疗痈疽毒疮、风火牙痛、蛇咬伤、骨折、枪伤等。

参见表2-15所示。

表2-15 蕤核种质资源情况

树种	调查地块	优良林分布数量及面积（亩）	长势			GPS地理坐标
			树高（米）	冠幅（米）	郁闭度	
蕤核	乌审旗苏力德苏木昌煌嘎查	散生(100)	1.8	2.5×3	10	0274772 4190889

33. 蒙古扁桃

拉丁文名：*Amygdalus mongolica*（Maxim.）Ricker.

蔷薇科 *Rosaceae*
李　属 *Prunus L.*
别　名 山樱桃

形态特征：灌木，高1~2米。枝条开展，多分枝，小枝顶端转变成枝刺；嫩枝红褐色，被短柔毛，老时灰褐色。短枝上叶多簇生，长枝上叶常互生；叶片宽椭圆形、近圆形或倒卵形，长8~15毫米，宽6~10毫米，先端圆钝，有时具小尖头，基部楔形，两面无毛，叶边有浅钝锯齿，侧脉约4对，下面中脉明显突起；叶柄长2~5毫米，无毛。花单生，稀数朵簇生于短枝上；花梗极短；萼筒钟形，长3~4毫米，无毛；萼片长圆形，与萼筒近等长，顶端有小尖头，无毛；花瓣倒卵形，长5~7毫米，粉红色；雄蕊多数，长短不一致；子房被短柔毛；花柱细长，几与雄蕊等长，具短柔毛。果实宽卵球形，长12~15毫米，宽约10毫米，顶端具急尖头，外面密被柔毛；果梗短；果肉薄，成熟时开裂，离核；核卵形，长8~13毫米，顶端具小尖头，基部两侧不对称，腹缝压扁，背缝不压扁，表面光滑，具浅沟纹，无孔穴；种仁扁宽卵形，浅棕褐色。花期5月，果期8月。

生长环境：蒙古扁桃为喜光树种，根系发达，有耐旱、耐寒和耐瘠薄的特性。生于荒漠和荒漠草原区的山地、丘陵、石质坡地、山前洪积平原及干河床等地，常沿着径流线呈窄带状生长。在水分及土壤条件较好的地区，生长、结果良好。

分布:集中分布在杭锦旗的塔拉沟、赛乌素、呼和木独,鄂托克旗的阿尔巴斯、乌兰镇。鄂托克前旗的二道川、布拉格有零星分布。

可推广利用价值:蒙古扁桃对研究亚洲中部干旱地区植物区系有一定的科学价值。为主要的木本油料树种之一,种仁含油率约为40%,其油可供食用,种仁可代郁李仁入药。可作为核果类果树的砧木和干旱地区的水土保持植物。

参见表2-16所示。

表2-16 蒙古扁桃种质资源情况

树种	调查地块	优良林分布数量及面积(亩)	长势			GPS 地理坐标
			树高(米)	冠幅(米)	郁闭度	
蒙古扁桃	杭锦旗塔拉沟	200	1.2	1.5×1.8	10	0329248 4433214 0329208 4433300 0329202 4433136 0329284 4433405
	杭锦旗伊和乌素	1200	1.4	1.1×0.9	8	40°17′40.4″ 107°16′9.41″ 40°17′19.79″ 107°16′7.15″ 40°17′3.37″ 107°14′24.33″
	鄂托克旗苏米图	5000	1.1	0.8×0.6	10	0273063 4300099 0273160 4299694 0273066 4299342 0272897 4299989

34. 沙冬青

拉丁文名：*Ammopiptanthus mongolicus*(Maxim. ex Kom.) Cheng f.

豆　　科　Leguminosae
沙冬青属　Ammopiptanthus
别　　名　蒙古沙冬青、蒙古黄花木

形态特征：常绿灌木，高1.5～2米。树皮黄绿色，茎多叉状分枝，圆柱形，具沟棱，幼被灰白色短柔毛，后渐稀疏。3小叶，偶为单叶；叶柄长5～15毫米，密被灰白色短柔毛；托叶小，三角形或三角状披针形，贴生叶柄，被银白色绒毛；小叶菱状椭圆形或阔披针形，长2～3.5厘米，宽6～20毫米，两面密被银白色绒毛，全缘，侧脉几不明显。总状花序顶生枝端，花互生，8～12朵密集；苞片卵形，长5～6毫米，密被短柔毛，脱落；花梗长约1厘米，近无毛，中部有2枚小苞片；萼钟形，薄革质，长5～7毫米，萼齿5个，阔三角形，上方2齿合生为一较大的齿。花冠黄色，花瓣均具长瓣柄，旗瓣倒卵形，长约2厘米，翼瓣比龙骨瓣短，长圆形，长1.7厘米，其中瓣柄长5毫米，龙骨瓣分离，基部有长2毫米的耳；子房具柄，线形，无毛。荚果扁平，线形，长5～8厘米，宽15～20毫米，无毛，先端锐尖，基部具果颈，果颈长8～10毫米；有种子2～5粒。种子圆肾形，径约6毫米。花期4～5月，果期5～6月。

生长环境：常绿超旱生植物，沙质及砂砾质荒漠的建群植物，亚洲植物区系中第三纪残遗种。沙冬青体内含有黄花木素、拟黄花木素等强生物碱，绵羊、山羊偶尔采食其花后则呈醉状，采食过多可致死。

分布：集中分布在杭锦旗中西部，鄂托克旗的查布、阿尔巴斯、碱柜，以及鄂托克前旗的芒哈图。

可推广利用价值:沙冬青抗逆性强,根系发达,固沙保土性能好;根部具有根瘤,改良土壤作用大。沙冬青种子富含油脂,其脂肪酸组成中的亚油酸含量高达87%以上,在食品、化工、医疗保健等方面具有很大的挖掘潜力。沙冬青也是一种一年种植多年受益,集生态效益和经济效益于一体的优良固沙植物种。

参见表2-17所示。

表2-17 沙冬青种质资源情况

树种	调查地块	优良林分布数量及面积(亩)	长势			GPS 地理坐标
			树高(米)	冠幅(米)	郁闭度	
沙冬青	鄂托克旗蒙西巴音温都尔	2490	0.8	1×1.12	33	39°55′7.7″ 106°53′7.0″ 39°79′9.5″ 106°43′58.3″ 39°88′10.5″ 106°35′48.7″ 39°91′10.6″ 106°25′13.4″
	杭锦旗巴音乌素	5000	0.8	0.5×0.4	10	06871385 4461393 06881044 4462964 06821076 4465929 06981093 4474933

35. 刺叶柄棘豆

拉丁文名:*Oxytropis aciphylla* Ledeb.

豆　　科　*Leguminosae*
棘豆属　*Oxytropis* DC.
别　　名　鬼见愁、猫头刺、老虎爪子

形态特征:矮小丛生垫状半灌木,高10~20厘米。分枝多而密。叶轴宿存,呈硬刺状,密生平伏柔毛;托叶膜质,下部与叶柄连合;双数羽状复叶,小叶4~6片,条形,长5~15毫米,宽1~2毫米,先端渐尖,具刺尖,基部楔形,两面被银白色平伏柔毛,边缘常内卷。总状花序腋生,有花1~3朵,蓝紫色、红紫色以及白色;花萼筒状;花冠蝶形,旗瓣倒卵形,翼瓣短于旗瓣,龙骨瓣先端具喙。荚果长圆形,革质,长1~1.5厘米,外被平伏柔毛,背缝线深陷,隔膜发达。种子圆肾形,深棕色。花期5—6月,果期6—7月。

生长环境:荒漠草原中多刺的旱生植物。

分布:全市各地可见。

可推广利用价值:劣等饲用植物。在荒漠草原地区,也是一种固沙植物。

36. 霸王

拉丁文名：*Sarcozygium xanthoxylon*（Bunge）Maxim.

蒺藜科　*Zygophyllaceae*
霸王属　*Sarcozygium*
别　名　无

形态特征：灌木，高50～100厘米。枝弯曲，开展，皮淡灰色，木质部黄色，先端具刺尖，坚硬。叶在老枝上簇生，幼枝上对生；叶柄长8～25毫米；小叶1对，长匙形、狭矩圆形或条形，长8～24毫米，宽2～5毫米，先端圆钝，基部渐狭，肉质。花生于老枝叶腋；萼片4枚，倒卵形，绿色，长4～7毫米；花瓣4个，倒卵形或近圆形，淡黄色，长8～11毫米；雄蕊8

根，长于花瓣。蒴果近球形，长18～40毫米，翅宽5～9毫米，常有3室，每室有1粒种子。种子肾形，长6～7毫米，宽约2.5毫米。花期4—5月，果期7—8月。

生长环境：生于荒漠和半荒漠的沙砾质河流阶地、低山山坡、碎石低丘和山前平原，以及半固定沙丘、覆沙地、干旱河谷、干旱山坡、固定沙地、河谷、荒漠平原、荒漠沙质阶地、荒土陡壁、丘陵干旱山坡、沙砾戈壁滩、山谷、石坡、石质残丘、盐渍化沙地。

分布：分布于内蒙古西部、甘肃西部、宁夏西部、新疆、青海。见于杭锦旗西部，以及鄂托克旗的阿尔巴斯山区。

可推广利用价值：骆驼喜食霸王的嫩枝叶及花，冬春也采食枝条。羊对其花一般采食，对幼嫩枝叶少量采食。牛、马不食。以霸王为建群种组成的草场类型的产量曾有以下报道：在沙冬青荒漠草场上（腾格里沙漠边缘固定沙地的霸王加利叶柄棘豆放牧地），每亩产鲜草47.5千克左右，其中霸王的产量占总产量的5%以上；在草原化荒漠地区霸王草场上，每亩产鲜草35千克左右；在石生霸王草场上，产量较上述两类更低，每亩仅产鲜草20～25千克。据对霸王的化学成分分析资料表明，霸王开花结实期含有较高的粗蛋白质。此外，霸王的干枯枝条可作为烧柴；并为固沙植物，可阻挡风沙前进；其根亦可入药。

参见表2-18所示。

表2-18 霸王种质资源情况

树种	调查地块	优良林分布数量及面积（亩）	长势			GPS地理坐标
			树高（米）	冠幅（米）	郁闭度	
霸王	鄂托克旗蒙西伊克布拉格	2640	0.74	0.73×0.85	25	40°4′8.4″ 106°52′40.1″ 40°6′35.9″ 106°34′4.5″ 40°8′48.4″ 106°23′45.6″ 40°11′48.4″ 106°13′45.6″
	杭锦旗巴音乌素	5000	0.9	0.9×1.12	20	0687138 4461393 06881081 4462964 06821081 4465964 06981081 4474964

37. 四合木

拉丁文名：*Tetraena mongolica* Maxim.

蒺 藜 科 Zygopllaceae
四合木属 *Tetraena* Maxim.
别　　名 油柴

形态特征：灌木，最高可达90厘米。茎由基部分枝，老枝弯曲，黑紫色或棕红色、光滑；一年生枝黄白色，被叉状毛。托叶卵形，膜质，白色；叶近无柄，老枝叶近簇生，当年枝叶对生；叶片倒披针形，长5~7毫米，宽2~3毫米，先端锐尖，有短刺尖，两面密被伏生叉状毛，呈灰绿色，全缘。花单生于叶腋，花梗长2~4毫米；萼片4个，卵形，长约2.5毫米，表面被叉状毛，呈灰绿色；花瓣4片，白色，长约3毫米；雄蕊8枚，2轮，外轮较短，花丝近基部有白色膜质附属物，具花盘；子房上位，4裂，被毛，4室。果4瓣裂，果瓣长卵形或新月形，两侧扁，长5~6毫米，灰绿色，花柱宿存。种子矩圆状卵形，表面被小疣状突起，无胚乳。花期5—6月，果期7—8月。

生长环境：四合木为一种强旱生植物且根系非常发达，只生于草原化荒漠黄河阶地、低山山坡和草原化荒漠区。它生长的土壤环境为多石和多碎石的漠钙土且土壤干燥、瘠薄。

分布：其分布范围非常狭窄，在世界范围内零星散见于俄罗斯、乌克兰部分地区。在中国，主要分布于内蒙古鄂尔多斯市鄂托克旗西北部黄河东岸由石咀山向北经桌子山到贺兰山南端低山和河流坂地。具体分布于内蒙古乌海市、鄂尔多斯市鄂托克旗（阿尔巴斯、蒙西、棋盘井）、杭锦旗、巴彦淖尔盟磴口县等地区。

可推广利用价值：四合木的适口性较低，骆驼采食，羊采食较少，马和牛不食。以四合木为建群种或优势种的草地，其风干物产量为每公顷105~690千克，其中四合木产量为22.5~307.5千克。从

它的化学成分来看,无氮浸出物甚丰富,尤以灰分较一般植物丰富,其中钙多、磷偏低,而蛋白质含量较低,粗纤维也较一般植物低。四合木为低等饲用植物。四合木本身虽饲用价值不高,但其群落中的其他植物包括蓍状亚菊、无芒隐子草、几种小针茅等均为饲用价值较高的植物,这就提高了四合木草地的利用价值。

参见表2-19所示。

表2-19 四合木种质资源情况

树种	调查地块	优良林分布数量及面积（亩）	长势			GPS 地理坐标
			树高(米)	冠幅(米)	郁闭度	
四合木	鄂托克旗蒙西伊克布拉格	7300	0.4	0.5×0.3	20	39°56′48.5″　107°1′50.28″ 39°62′52.58″　107°5′17.78″ 39°68′58.6″　107°7′40.9″ 39°67′1.11″　107°12′22.6″
	杭锦旗巴音乌素	5000	0.8	0.5×0.4	10	06871383　4461393 06881235　4462964 06821487　4465332 06981692　4474115

38. 半日花

拉丁文名:*Helianthemum songaricum* Schrenk.

半日花科　Cistaceae
半日花属　Helianthemum
别　名　无

形态特征:矮小灌木,多分枝,稍呈垫状,高5~12厘米。老枝褐色,小枝对生或近对生,幼时紧贴有白色的短柔毛,后渐光滑,先端成刺状。单叶对生,革质,具短柄或几无柄,披针形或狭卵形,长5~7(10)毫米,宽1~3毫米,全缘,边缘常反卷,两面均被白色短柔毛,中脉稍下陷;托叶钻形,线状披针形,先端锐,长约0.8毫米,较叶柄长。花单生枝顶,径1~1.2厘米;花梗长0.6~1厘米,被白色长柔毛,萼片5个,背面密生白色短柔毛,不等大,外面的2片线形,长约2毫米,内

面的3片卵形,长5~7毫米,背部有3条纵肋;花瓣黄色,淡桔黄色、倒卵形,楔形,长约8毫米;雄蕊长约为花瓣的1/2,花药黄色;子房密生柔毛,长约1.5毫米,花柱长约5毫米。蒴果卵形,长5~8毫米,外被短柔毛。种子卵形,长约3毫米,渐尖,褐棕色,有棱角,具纲纹,有时有绉缩。

生长环境:超旱生的小灌木,多在山麓石岳残丘等处形成半日花荒漠群落。

分布:集中分布于西鄂尔多斯国家级自然保护区内,即鄂托克旗的阿尔巴斯山区、棋盘井。

可推广利用价值:半日花在我国西北地区可在庭园栽培,宜配置于花坛或草地边缘。枝叶含红色乳汁,可作红色染料。

参见表2-20所示。

表2-20 半日花种质资源情况

树种	调查地块	优良林分布数量及面积(亩)	长势			GPS地理坐标
			树高(米)	冠幅(米)	郁闭度	
半日花	蒙西镇苏亥图	6825	0.15	0.2×0.22	5	39°50′46″ 107°13′27.14″ 39°55′33.9″ 107°33′14.6″ 39°52′9.96″ 107°13′1.38″

39. 互叶醉鱼草

拉丁文名:*Buddleja alternifolia* Maxim.

马钱科　　Loganiaceae
醉鱼草属　*Buddleja* L.
别　　名　白箕稍、小叶醉鱼草、白芨、白积梢

形态特征:灌木,高可达4米。多分枝,枝幼时灰绿色,被较密的星状毛,后渐脱落;老枝灰黄色。长枝对生或互生,细弱,上部常弧状弯垂;短枝簇生,常被星状短绒毛至几无毛;小枝四棱形或近圆柱形。叶在长枝上为互生,在短枝上为簇生;在长枝上的叶片披针形或线状披针形,长3~10厘米,宽2~10毫米,顶端急尖或钝,基部楔形,通常全缘或有波状齿,上面深

绿色,幼时被灰白色星状短绒毛,老时渐近无毛,下面密被灰白色星状短绒毛;叶柄长1～2毫米;在花枝上或短枝上的叶很小,椭圆形或倒卵形,长5～15毫米,宽2～10毫米,顶端圆至钝,基部楔形或下延至叶柄,全缘兼有波状齿,毛被与长枝上的叶片相同。花多簇生状或圆锥状聚伞花序;花序较短,常生于二年生的枝条上;花萼钟状,长2.5～4毫米,具四棱,花萼裂片三角状披针形,长0.5～1.7毫米,宽0.8～1毫米,内面被疏腺毛;花冠紫蓝色,雄蕊着生于花冠管内壁中部,花丝极短,花药长圆形,长1～1.8毫米,顶端急尖,基部心形。蒴果椭圆状,长约5毫米,直径约2毫米,无毛;种子多颗,狭长圆形,长1.5～2毫米,灰褐色,周围边缘有短翅。花期5—7月,果期7—10月。

生长环境:旱中生植物。

分布:无集中分布,零星散生于鄂托克旗的包乐浩晓海岱。

可推广利用价值:互叶醉鱼草为地生兰的一种,紫红色的花朵井然有序,在苍翠叶片的衬托下,端庄而优雅。花还有白、蓝、黄、粉等色,可布置花坛,宜在花径、山石旁丛植或作为稀疏林下的地被植物,也可盆栽供室内观赏。其块茎含黏液质和淀粉等,可作为糊料,亦可入药,具药用价值。

40. 蒙古莸

拉丁文名:*Caryopteris mongholica* Bunge.

马鞭草科　　Verbenaceae
莸　　属　　*Caryopteris* Bunge.
别　　名　　白蒿、山狼毒、兰花茶

形态特征:落叶小灌木,常自基部即分枝,高0.3～1.5米。全缘,上面淡绿色,下面灰色,均被较密的短柔毛,具短柄;嫩枝紫褐色,圆柱形,有毛,老枝毛渐脱落。叶片厚纸质,线状披针形或线状长圆形,全缘,很少有稀齿,长0.8～4厘米,宽2～7毫米,表面深绿色,稍被细毛,背面密生灰白色绒毛;叶柄长约3毫米。聚伞花序顶生或腋生,无苞片和小苞片;花萼钟状,长约3毫米,外面密生灰白色绒毛,深5裂,裂片阔线形至线状披针形,长约1.5毫米;

花冠蓝紫色,长约1厘米,外面被短毛,5裂,下唇中裂片较长大,边缘流苏状;花冠管长约5毫米,管内喉部有细长柔毛;雄蕊4枚,几等长,与花柱均伸出花冠管外;子房长圆形,无毛,柱头2裂。蒴果椭圆状球形,无毛,果瓣具翅。花果期8—10月。

生长环境:旱生植物,生长于草原带的石质山地、石砾质坡地为较常见的伴生成分,也在荒漠草原带和荒漠带的东部边缘,生长在沙地、干河床底部和山坡石缝间。

喜光,极耐旱、耐寒,萌蘖性强,耐沙埋,对土壤要求不严,其在疏松、渗透性良好的沙壤土里生长最佳。能够在降水量200毫米以下地区自然生长,冬季能耐-35℃低温,夏季能耐40℃高温。

分布:全市各地星散分布。

可推广利用价值:蒙古莸是一种碳氮型牧草,营养比为1∶9.4。所含粗蛋白15.6%、粗脂肪3.68%、粗纤维24.47%、无氮浸出物45.6%、粗灰粉6.3%、钙14.6%、磷0.22%,其粗蛋白、粗脂肪远高于谷草(4.10%,16%)及玉米秸(4.72%,1.31%),为优良"木本饲料植物"。是沙区、黄土高原干旱地区一种宝贵的耐旱灌木资源,可用于营造水保薪炭林。还具有药用和工业芳香油的开发利用价值。蒙古莸的花、枝、叶可作蒙药,有祛寒、除湿、健胃、壮身、止咳之效;全草味甘性温,能消食理气、祛风湿、活血止痛;煮水当茶喝,可治腹胀、消化不良。蒙古莸的叶、枝、花、种子含樟香型芳香油,可作为芳香油供工业使用。

41. 北桑寄生

拉丁文名:*Loranthus tanakae* Franch. et Sav.

桑寄生科 Loranthaceae
桑寄生属 *Loranthus* L.
别　　名 欧洲栎寄生

形态特征:落叶半寄生小灌木,高20~50厘米。茎枝圆柱形,丛生于寄主枝上,幼时绿色至褐色,无毛;老时黑褐色至黑色,有腊质层,常二歧分枝。叶对生,叶柄长5~8毫米;叶片纸质,绿色,倒卵形呈圆形,长2.5~5厘米,宽1~2厘米,基部楔形,微下延至柄,先端圆钝,全缘,两面无毛。花两性或单性,雌雄同株或异株,穗状花序顶生于具1~3对叶的小枝上,长2.5~3.5厘米,花序轴在花着生处常稍下陷;具5~8对近对生的花,基部有一很小的苞片;花托筒状,副萼环状,顶端楔形,花被裂片6个,长卵形,长约1.5毫米,黄绿色;雄蕊比花被片短,花药球形,2室;花柱棒状,长约1毫米。果实球形,半透明,橙黄色,径约6毫米,表面平滑。花期4—5月,果期9—10月。

生长环境:半寄生植物。寄生于栎属、榆属、李属、桦属等植物(诸如栎树、桦树、苹果树)上。

分布:准格尔旗的阿贵庙仅有2株,寄生于大果榆和辽东栎上。

可推广利用价值:北桑寄生高不足1米,是一种补肝肾、强筋骨、祛风湿、安胎,用于风湿痹痛、腰膝酸软、筋骨无力、胎动不安、早期流产、高血压等病症的中药材。

42. 虎榛子

拉丁文名:*Ostryopsis davidiana* Decaisne.

桦 木 科	*Betulaceae*
虎榛子属	*Ostryopsis* Decne
别　　名	棱榆

形态特征:灌木,高1~2(5)米。基部多分枝,枝暗灰褐色,无毛,具细裂纹,黄褐色皮孔明显。叶卵形或椭圆状卵形,长2~6.5厘米,宽1.5~5厘米,顶端渐尖或锐尖,基部心形、斜心形或几近圆形,边缘具重锯齿,中部以上具浅裂;上面绿色,多少被短柔毛,下面淡绿色,密被褐色腺点,疏被短柔毛,侧脉7~9对,上面微陷,下面隆起,密被短柔毛,脉腋间具簇生的髯毛;叶柄长3~12厘米,密被短柔毛。雄花序单生于小枝的叶腋,倾斜至下垂,短圆柱形,长1~2厘米,直径约4毫米;花序梗不明显;苞鳞宽卵形,外面疏被短柔毛。果4枚至多枚且排成总状,下垂,着生于当年生小核顶端;果梗短(有时不明显);序梗细瘦,长可达2.5厘米,密被短柔毛,间有稀疏长硬毛;果苞厚纸质,长1~1.5厘米,下半部紧包果实,上半部延伸呈管状平面,密被短柔毛,具条棱,绿色中间带

紫红色，成熟后一侧开裂，顶端4裂，裂片长达果苞的1/4～1/3。小坚果为宽卵圆形或几近球形，长5～6毫米，直径4～6毫米，褐色，有光泽，疏被短柔毛，具细肋。

生长环境：中生植物，喜光灌木，常生长在荒山坡或林缘边，形成虎榛子灌丛。黄土高原的优势灌木，也见于杂木林及油松林下。

分布：准格尔旗阿贵庙、石窑庙的次生林下。

可利用推广价值：树皮及叶含鞣质，可提取栲胶；种子含油，供食用和制肥皂；枝条可编农具，经久耐用。

43. 红花海绵豆

拉丁文名：*Spongiocarpella grubovii*(Ulzij.)Yakovl.

豆　　科	Leguminosae sp.
海绵豆属	*Spongiocarpella* Yakovl.et Ulzij.
别　　名	大花雀儿豆、红花雀儿豆

形态特征：垫状半灌木，高10～15厘米。多分枝，当年枝短缩。单数羽状复叶，具小叶7～11个；托叶三角状披针形，革质，先端渐尖，与叶柄基部连合；叶轴宿存并硬化呈针刺状；小叶椭圆形、菱状椭圆形或倒卵形，长3～7毫米，宽2～4毫米，先端钝或锐尖，基部宽楔形或近圆形，上面被浅黑色腺点，两面被平伏的白色绢毛。花较大，长2.5～3厘米，紫红色；花梗长9～11毫米；小苞片条状披针形，褐色，对生；花萼管状钟形；旗瓣倒卵形，长22～24毫米，顶端微凹，基部渐狭，背面密被短柔毛；翼瓣顶端稍宽、钝；龙骨瓣顶端钝，基部均有长爪；子房有毛。荚果矩圆状椭圆形，长12～13毫米，宽4～5毫米，革质，顶端具短喙，密被长柔毛。花期6—7月，果期8—9月。

生长环境：旱生生物。散生于荒漠区或荒漠草原的山地石缝中，以及剥蚀残丘或沙地上。

分布：分布于内蒙古乌兰察布市、巴彦淖尔市、阿拉善盟；境外的蒙古国也有。鄂尔多斯市主要分布在鄂托克旗的阿尔巴斯山区、阿尔寨。

可推广利用价值：羊在春夏季少采食，属于低等饲用植物。

参见表2-21所示。

表2-21 红花海绵豆种质资源情况

树种	调查地块	优良林分布数量及面积（亩）	长势			GPS地理坐标
			树高(米)	冠幅(米)	郁闭度	
红花海绵豆	鄂托克旗阿尔寨山顶	约20	0.3	0.3×0.3	25	39°50′47.8″ 107°16′24.6″ 39°50′47.8″ 107°16′24.6″ 39°50′72″ 107°16′474″

44. 沙木蓼

拉丁文名：*Atraphaxis bracteata* A. Los.

蓼 科　*Polygonaceae*
木蓼属　*Atraphaxis*
别　名　灌木蓼、野荞麦花

形态特征：直立灌木，高1~1.5米。主干粗壮，淡褐色，直立，无毛，具肋棱、多分枝；枝延伸，褐色，斜升或成钝角叉开，平滑无毛，顶端具叶或花。托叶鞘圆筒状，长6~8毫米，膜质，上部斜形，顶端具2个尖锐牙齿；叶革质，长圆形或椭圆形，当年生枝上者披针形，长1.5~3.5厘米，宽0.8~2厘米，顶端钝，具小尖，基部圆形或宽楔形，边缘微波状，下卷，两面均无毛，侧脉明显；叶柄长1.5~3毫米，无毛。总状花序，顶生，长2.5~6厘米；苞片披针形，长约4毫米，上部者钻形，膜质，具1条褐色中脉，每苞内具2~3朵花；花梗长约4毫米，关节位于上部；花被片5个，绿白色或粉红色，内轮花被片卵圆形，不等大，长5~6毫米，直径7~8毫米，网脉明显，边缘波状；外轮花被片肾状圆形，长约4毫米，宽约6毫

米,果时平展,不反折,具明显的网脉。瘦果卵形,具三棱形,长约 5 毫米,黑褐色,光亮。花果期 6—8 月。

生长环境:耐旱,抗寒,尤其是抗风蚀、沙埋,凡沙质地、流动沙丘以及河床上均可见。

分布:零星分布在杭锦旗西部,乌审旗的乌兰陶勒盖、乌审召,鄂托克旗的查布,鄂托克前旗的城川。

可推广利用价值:沙木蓼花初开时鲜红,形若荞麦花,花为蜜源。嫩枝是羊、骆驼的好饲料。为内蒙古自治区重点保护植物。

45. 红砂

拉丁文名:*Reaumuria songarica*（Pall.）Maxim.

柽柳科 *Tamaricaceae*
红砂属 *Hololachna Ehrenb.*
别　名 枇杷柴、红虱

形态特征:小型灌木,高 10～50 厘米。多分枝。叶肉质,圆柱形,常 3～5 枚簇生,长 1～5 毫米,宽 1 毫米。花单生于叶腋或小枝顶端。蒴果为长椭圆形。

生长环境:生于荒漠草原的盐湖畔、砂砾质河滩和沙丘上。

分布:杭锦旗的白音格尔,鄂托克旗的阿尔巴斯、查布,鄂托克前旗的毛盖图、城川。

可推广利用价值：在生有红砂的草场上放牧1～2天,这样可代替补盐,有的牧民认为其效果比补盐还好,对提高家畜的食欲,促进家畜增膘有很大好处。含有较高的粗蛋白质和粗脂肪,是品质中等的小型灌木饲料。枇杷柴也是良好的固沙植物;枝叶可入药。是中国干旱荒漠区分布最广的植物种类之一,是草原化荒漠和典型荒漠地区家畜的主要放牧植物。红砂也是良好的固沙植物,是保护干旱荒漠化土地的重要生物屏障。红砂种群具有种子、根基劈裂和不定根等三种繁殖方式,其中部分以有性繁殖为主,部分以无性繁殖为主。

参见表2-22所示。

表2-22 红砂种质资源情况

树种	调查地块	优良林分布数量及面积（亩）	长势			GPS地理坐标
			树高(米)	冠幅(米)	郁闭度	
红砂	鄂托克旗蒙西镇	10000	0.28	0.2×0.2	10	40°06′189″ 106°51′367″ 40°40′996″ 106°57′388″ 40°57′841″ 106°32′975″ 40°39′698″ 106°41′929″
	杭锦旗伊和乌素	散生(5000)	0.60	0.4×0.2	15	06871384 4461393 06881222 4462964 06821572 4465538 06981673 4474796

46. 长叶红砂

拉丁文名：*Reaumuria trigpna* Maxim.

柽柳科	Tamaricaceae
红砂属	Hololachna Ehrenb.
别　名	黄花枇杷柴、黄花红砂、长叶红沙、黄花红沙、牛板筋、牛半斤、陶木－乌兰－宝都日嘎纳、黄花琵琶柴、长叶红砂

形态特征：小灌木，高10～30厘米。多分枝，小枝略开展，老枝灰黄色或褐灰白色，树皮片状剥裂；当年生枝由老枝发出，纤细，光滑，淡绿色。叶肉质，常2～5枚簇生，半圆柱状线形，向上部稍变粗，先端钝，基部渐变狭，长5～10(15)毫米，长短不一，干后有点弓曲。花单生叶腋（大多实系单生于小枝之顶），5数，直径5～7毫米；花梗纤细，长8～10毫米；苞片约10片，宽卵形，短突尖，覆瓦状排列，与花萼密接，较萼短或几等大；萼片5，基部合生，与苞片同形；花瓣在花芽内旋转，黄色，长圆状倒卵形，略偏斜，长约5毫米，内面下半部有两片鳞片状附属物；雄蕊15枚，花丝钻形；子房卵圆形至倒卵圆形，花柱3根，稀4～5个，长3～5毫米，长于子房，宿存。蒴果长圆形，长达1厘米，3瓣裂。

生长环境：生于草原化荒漠的砂砾地、石质及土石质的干旱山坡。

分布：以鄂托克旗、杭锦旗的草原化荒漠地区分布得最为广泛。

可推广利用价值：薪柴、饲用。

参见表2-23所示。

表2-23 长叶红砂种质资源情况

树种	调查地块	优良林分布数量及面积（亩）	长势			GPS地理坐标
			树高(米)	冠幅(米)	郁闭度	
长叶红砂	鄂托克旗蒙西镇	6000	0.28	0.2×0.2	10	39°54′17.9″ 107°2′13.8″ 38°40′996″ 107°57′388″ 38°42′841″ 108°01′975″ 38°39′698″ 108°03′929″

47. 驼绒藜

拉丁文名：*Ceratoideslatens*（*J.F.Gmel.*）RevealetHolmgren.

藜　　科	*Chenopodiaceae*
驼绒藜属	*Ceratoideslatens*（*Tourn.*）*Gagnebin*
别　　名	优若藜

形态特征：半灌木，植株高0.1～1米。分枝多集中于下部，斜展或平展。叶较小，条形、条状披针形、披针形或矩圆形，长1～2(5)厘米，宽0.2～0.5(1)厘米，先端急尖或钝，基部渐狭、楔形或圆形，有一脉，有时近基处有2条侧脉，极稀为羽状。雄花序较短，长达4厘米，紧密；雌花管椭圆形，长3～4毫米，宽约2毫米；花管裂片角状，较长，其长为管长的1/3至等长。果直立，椭圆形，被毛。花果期6-9月。

生长环境：多生于戈壁、荒漠、半荒漠、干旱山坡或草原中。

分布：主要零星分布在伊金霍洛旗、杭锦旗、鄂托克旗，以及鄂托克前旗的三段地。

可推广利用价值：驼绒藜为中上等饲用半灌木，亩产草量可达50～150千克。耐旱能力强，在干旱的荒漠地区有引种驯化价值，是改良天然草场最有前途的植物之一。驼绒藜除饲用外，还可用以防风固沙，保持水土。

48. 华北驼绒藜

拉丁文名：*Ceratoidesarborescens*（*Losina-Losinskaja*）*Czerepanov.*

藜　　科 *Chenopodiaceae*
驼绒藜属 *Ceratoides*
别　　名 驼绒蒿、白柳、优若藜

形态特征：半灌木，株高 1～2 米。分枝多集中于上部，较长，通常长 35～80 厘米。叶较大，柄短；叶片披针形或矩圆状披针形，长 2～5（7）厘米，宽 7～10（15）毫米，向上渐狭，先端急尖或钝，基部圆楔形或圆形，通常具明显的羽状叶脉。雄花序细长而柔软，长可达 8 厘米；雌花管倒卵形，长约 3 毫米，花管裂片粗短，为管长的 1/5～1/4，先端钝，略向后弯；果时管外中上部具 4 束长毛，下部具短毛。果实狭倒卵形，被毛。花果期 7—9 月。

生长环境：生于固定沙丘、沙地、荒地或山坡上。

分布：全市均有分布，为散生、零星分布。

可推广利用价值：华北驼绒藜为良好的饲用半灌木，是改良天然草场最有前途的植物之一。华北驼绒藜除饲用外，还可用以防风固沙，保持水土。近年来园林绿化树种中也有培育。

49. 鄂尔多斯小檗

拉丁文名：*Berberis caroli* Schneid.

小檗科	*Berberidaceae*
小檗属	*Berberis* L.
别　名	无

形态特征：落叶灌木，高1～2米。老枝暗灰色，散生黑色皮孔和疣点；幼枝紫褐色，有黑色疣点。叶刺单一，或3分叉，长1～2.5厘米；叶纸质，叶片1或2～8枚簇生于刺腋，倒披针形、倒卵形或椭圆形，长1～4厘米，宽6～15毫米，先端锐尖或钝圆，具小凸尖，基部渐狭成柄，全缘或有锯齿。总状花序稍下垂，长1～4厘米，有花9～15朵；花黄色，花梗长5～6毫米；萼片6个，外轮萼片倒卵形，内轮萼片宽倒卵形或近圆形；花瓣6片，倒卵状椭圆形，较萼片稍短；雄蕊6枚，较花瓣短；子房圆柱形。浆果矩圆形，鲜红色，长7～9毫米，直径5～6毫米，柱头宿存。花期5—6月，果期8—9月。

生长环境：属旱中生植物，散生于草原带的山地。

分布：以准格尔旗的阿贵庙、四道柳，鄂托克旗的阿尔巴斯山区为主。达拉特旗的库布其沙漠南沿、杭锦旗也有零星分布。

可推广利用价值：药用；可作为园林绿化类灌木。

50. 匙叶小檗

拉丁文名：*Berberis vernae* Schneid.

小檗科	*Berberidaceae*
小檗属	*Berberis* L.
别　名	匙形小檗

形态特征：落叶灌木，高0.5～1.5米。老枝暗灰色，细弱，具条棱，无毛，散生黑色疣点；幼枝常带紫红色；茎刺粗壮，单生，淡黄色，长1～3厘米。叶纸质，倒披针形或匙状倒披针形，长1～5厘米，宽0.3～1厘米，先端圆钝，基部渐狭，上面亮暗绿色，中脉扁平，侧脉微显，背面淡绿色，中脉和侧脉微隆起，两面网脉显著，无毛，不被白粉，也无乳突，叶缘平展，全缘，偶具1～3个刺齿；叶柄长2～6毫米，无毛。穗状总状花序，具15～35朵花，长2～4厘米，包括总梗长5～10毫米，无毛；花梗长1.5～4毫米，无毛；苞片披针形，短于花梗，长约1.3毫米；花黄色；小苞片披针形，长约1毫米，常为红色；萼片2轮，外萼片卵形，长1.5～2.1毫米，宽约1毫米，先端急尖，内萼片倒卵形，长2.5～3毫米，宽

1.5～2毫米；花瓣倒卵状椭圆形，长1.8～2毫米，宽约1.2毫米，先端近急尖，全缘，基部缩略呈爪状，具2枚分离腺体；雄蕊长约1.5毫米，药隔先端不延伸，平截；胚珠1～2枚，近无柄。浆果长圆形，淡红色，长4～5毫米，顶端不具宿存花柱，不被白粉。花期5—6月，果期8—9月。

生长环境：生于河滩地、山坡灌丛、次生林之中。

分布：散生或者簇生于准格尔旗的阿贵庙、四道柳，乌审旗的纳林河、河南，鄂托克旗的阿尔巴斯山区，鄂托克前旗的珠和等地区。

可推广利用价值：根皮和根可作为黄色染料。可入药，比如根皮和茎皮可入蒙药。

51. 草麻黄

拉丁文名：*Ephedra sinica* Stapf.

麻黄科 *Ephedraceae*
麻黄属 *Ephedra* L.
别　名　无

形态特征：草本状灌木，高达30厘米，稀较高。由基部多分枝，丛生；木质茎短或成匍匐状，小枝直伸或微曲，表面细纵槽纹常不明显，节间长2～4(5)厘米，径1～1.5(2)毫米。叶2裂，裂片锐三角形，长0.5(0.7)毫米，先端急尖。雄球花多成复穗状，常具总梗，苞片通常4对，雄蕊7～8枚，长约14毫米；雌球花单生，在幼枝上顶生，在老枝上腋生；雌球花成熟时肉质红色，矩圆状卵圆形或近于圆球形，长约8毫米，径6～7毫米。种子通常2粒，包于苞片内，不露出或与苞片等长，黑红色或灰褐色，三角状卵圆形或宽卵圆形，长5～6毫米，径2.5～3.5毫米，表面具细皱纹，种脐明显，半圆形。花期5—6月，种子8—9月成熟。

生长环境：旱生植物，生于丘陵地、平原、砂地等地区，为石质和沙质草原的伴生种，局部地带可形成群聚。见于杭锦旗、准格尔旗、伊金霍洛旗、乌审旗、鄂托克前旗。

分布：无集中分布，零散或少量聚集分布于杭锦旗、准格尔旗、伊金霍洛旗、乌审旗、鄂托克前旗。

可推广利用价值：为重要的药用植物，生物碱含量丰富，仅次于木贼麻黄。木质茎少，易加工提炼，是提制麻黄碱的主要植物种类。

52. 木贼麻黄

拉丁文名：*Ephedra equisetina* Stapf.

麻黄科　*Ephedraceae*
麻黄属　*Ephedra* L.
别　名　无

形态特征：直立灌木，高达1米。木质茎粗长，直立或部分匍匐状，灰褐色，基部径达1~1.5厘米，中部茎枝一般径达3~4毫米；小枝细，径约1毫米，节间短，长1~3.5厘米，多为1.5~2.5厘米，纵槽纹细浅不明显，常被白粉，呈蓝绿色或灰绿色。叶2裂，长1.5~2毫米，裂片短三角形，先端钝或稍尖，鞘长1.8~2.0毫米。雄球花单生或3~4朵集生于节上，无梗或开花时有短梗，卵圆形或窄卵圆形，长3~4毫米，宽2~3毫米，苞片3~4对，基部约1/3合生；假花被近圆形，雄蕊6~8枚，花丝全部合生，微外露，花药2室，稀3室；雌球花常2朵对生于节上，窄卵圆形或窄菱形，苞片3对，菱形或卵状菱形，最上一对苞片约2/3合生，雌花1~2朵，珠被管长达2毫米，稍弯曲；雌球花成熟时肉质红色，长卵圆形或卵圆形，长8~10毫米，径4~5毫米，具短梗。种子通常1粒，窄长卵圆形，长约7毫米，径2.5~3毫米，顶端窄缩成颈柱状，基部渐窄圆，具明显的点状种脐与种阜。花期5—6月，种子成熟期8—9月。

生长环境：旱生植物，生于干旱与半干旱的山顶、山谷、砂地及石砾子上。

分布：准格尔旗的阿贵庙，杭锦旗，乌审旗，鄂托克旗的阿尔巴斯山顶，鄂托克前旗的珠和。

可推广利用价值：为重要的药用植物，生物碱的含量较其他种类要高，为提制麻黄碱的重要原料。也可作为岩石园、干旱地绿化用。

53. 膜果麻黄

拉丁文名：*Ephedra przewalskii* Stapf.

麻黄科 *Ephedraceae*
麻黄属 *Ephedra* L.
别　名 勃氏麻黄

形态特征：灌木，高50～240厘米。木质茎明显，基部径约1厘米或更粗，茎皮灰黄色或灰白色；茎的上部具多数绿色分枝，老枝黄绿色，小枝绿色，2～3枝生于节上，分枝基部再生小枝，形成假轮生状。叶通常3裂并有少数2裂混生，下部1/2～2/3合生，裂片三角形或长三角形，先端急尖或具渐尖的尖头。球花通常无梗，常多数密集成团状的复穗花序，对生或轮生于节上；雄球花淡褐色或褐黄色，近圆球形；膜质，黄色或淡黄绿色，雄蕊7～8枚；雌球花淡绿褐色或淡红褐色，近圆球形，径3～4毫米，苞片4～5轮，每轮3片；稀2片对生，干燥膜质，仅中央有较厚的绿色部分，扁圆形或三角状扁卵形，几全部离生。种子通常3粒，稀2粒，包于干燥膜质苞片内，暗褐红色，长卵圆形，顶端细窄成尖突状，表面常有细密纵皱纹。

生长环境：超旱生植物，常生于石质荒漠、石质残丘和沙漠地区。在水分稍足地区，能形成大面积群落。盐碱地上也能生长。

分布：无集中分布，零散或者小片聚集在杭锦旗西部、鄂托克旗的阿尔巴斯山区、鄂托克前旗的毛盖图。

54. 阿拉善沙拐枣

拉丁文名：*Calligonum alaschanicum* A.Los.

蓼　　科　*Polygonaxeae*
沙拐枣属　*Calligonum* L.
别　　名　无

形态特征：灌木，植株高1～3米。老枝暗灰色，当年生枝黄褐色，嫩枝绿色；节间长1～3.5厘米。叶长2～4毫米。花淡红色，通常2～3朵簇生于叶腋；花被片卵形或近圆形，雄蕊15枚，子房椭圆形。瘦果宽卵形近球形，长20～25毫米，具明显的棱，每棱肋具刺毛2～3排，不易断落。花果期6—8月。

生长环境：沙生强旱生植物。多散生于沙质荒漠群落中，为伴生种。

分布：无集中分布，零星散生分布于杭锦旗境内。

可推广利用价值：药用价值；优等饲用植物，为内蒙古重点保护植物。可作为防风固沙林树种。

55. 宽叶水柏枝

拉丁文名：*Myricaria platyphylla* Maxim.

柽柳科	*Tamaricaceae*
水柏枝属	*Myricaria* Desv.
别 名	无

形态特征：灌木，高可达 2 米。直立，具多分枝；老枝紫褐色或棕色，幼枝浅黄绿色。叶疏生，卵形、心形或宽披针形，较大，长 5~12 毫米，基部最宽可达 10 毫米，先端渐尖，全缘，常有叶腋出小枝，小枝上叶形较小。总状花序顶生或腋生，长 3~6 毫米，萼片 5 个，披针形，长约 4 毫米，边缘狭膜质；花瓣 5 片，紫红色，倒卵形，长约 6 毫米，雄蕊 10 枚。蒴果 3 瓣裂，种子具有柄的白色簇毛。

生长环境：生于丘间低地或河漫地。

分布：无集中分布，零星分布于杭锦旗、乌审旗。

可推广利用价值：嫩枝干后药用；属优等饲用植物。

56. 锐枝沙木蓼

拉丁文名：*Atraphaxis pungens*(M.B.)jaub.et Spach.

蓼 科 Polygonaceae
木蓼属 Atraphaxis
别 名 刺叶枝蓼

形态特征：灌木，高 30～50 厘米。多分枝，小枝灰白色或灰褐色，木质化，顶端无叶或成刺状；老枝灰褐色，外皮条状剥裂。叶互生，具短柄，革质，椭圆形、倒卵形或条状披针形，长 1.5～2 厘米，宽 5～12 毫米，先端尖或钝，基部楔形，全缘。总状花序侧生于当年的木质化小枝上，花序短或密集；花淡红色，花被子片 5 个，雄蕊 8 枚；子房倒卵形，柱头 3 裂。瘦果卵形，具 3 棱，暗褐色，有光泽。花果期 6—9 月。

生长环境：石生旱生植物。生于石质丘陵坡地、河谷或固定沙地。

分布：无集中分布，零星分布于杭锦旗的伊和乌素。

可推广利用价值：中等饲用植物，也可作为固沙植物。

57. 土庄绣线菊

拉丁文名：*Spiraea pubescens* Turcz.

蔷薇科 *Rosaceae*
绣线菊属 *Spiraea* L.
别　　名　无

形态特征：灌木，高 1～2 米。叶菱状卵形或椭圆形，长 1.5～3 厘米，宽 0.6～1.8 厘米，先端锐尖，基部楔形，宽楔形，稀圆形，边缘中下部以上有锯齿，有时 3 裂，上面绿色，幼时被柔毛，下面淡绿色，密被柔毛。伞形花序，具总花梗，有花 15～20 朵；花直径 5～7 毫米；萼片近三角形，直立，宿存；花瓣近圆形，长与宽近相等，为 2.5～3 毫米，白色；雄蕊 25～30 枚，与花瓣等长或稍超出花瓣；子房无毛，仅在腹缝线被柔毛。蓇葖（gū tū）果沿腹缝线被柔毛。花期 5-6 月，果期 7-8 月。

生长环境：中生植物。多生于山地林缘及灌丛，也见于草原带的沙地。

分布：无大面积分布，仅在准格尔旗的阿贵庙、神山有零星分布。

可推广利用价值：低等饲用植物；可栽培供观赏用。

58. 耧斗叶绣线菊

拉丁文名：*Spiraea aquilegifolia* Pall.

蔷薇科　*Rosaceae*
绣线菊属　*Spiraea* L.
别　　名　无

形态特征：灌木，高50～60厘米。花及果枝上的叶通常为倒披针形或狭倒卵形，长6～13毫米，宽2～5毫米，全缘或先端3浅裂，基部楔形；不孕枝上的叶为扇形或倒卵形，长7～15毫米，宽5～8毫米，有时长与宽近相等，先端常3～5裂或全缘，两面均被短绒毛。伞形花序，无总花梗，有花2～6(7)朵，花直径5～6毫米；萼片三角形，里面微被短柔毛；花瓣近圆形，白色；雄蕊20枚，约与花瓣等长；花盘环状，呈10深裂，子房被短柔毛，花柱短于雄蕊。蓇葖果。花期5—6月，果期6—8月。

生长环境：旱中生植物。生于低山丘陵、石质山坡。

分布：仅零星分布于准格尔旗阿贵庙的次生林边缘。

59. 三裂绣线菊

拉丁文名：*Spiraea trilobata* L.

蔷薇科 *Rosaceae*
绣线菊属 *Spiraea* L.
别　　名　三桠绣线菊、三裂叶绣线菊

形态特征：灌木，高1～1.5米。叶倒卵形或近圆形，长8～20毫米，宽6～20毫米，先端常3裂，或中部以上有钝圆锯齿，基部楔形、宽楔形或圆形，两面无毛。伞房花序有总花梗，有花15(10)～20朵；花梗长6～11毫米，无毛；花直径5～7毫米；萼片三角形，里面被柔毛；花瓣宽倒卵形或圆形，先端微凹，长与宽相近，各约2.5毫米；雄蕊约20枚，比花瓣短；子房沿腹缝线被柔毛。蓇葖果沿开裂的腹缝线稍有毛，萼片直立，宿存。花期5—7月，果期7—9月。

生长环境：中生植物。多生于石质山坡，为山地灌木丛的建群种。

分布：无集中大片分布，仅零星分布于准格尔旗阿贵庙的次生林边缘。

可利用价值：可栽培供观赏。低等饲用植物。

60. 小叶茶藨

拉丁文名：*Ribes pulchellum* Turc.

虎耳草科 *Saxifragaceae*
茶 藨 属 *Ribes* L.
别　　名 无

形态特征：灌木。老枝灰褐色，稍纵向剥裂；小枝红褐色，有光泽，密生短柔毛。通常在叶的基部具1对刺，1长1短；叶宽卵形或卵形，掌状3深裂，裂片尖或钝，基部楔形或心形，边缘具粗锯齿；叶的上面暗绿色，有短硬毛，下面色淡，沿叶脉和叶缘有毛，基部脉腋间的毛较密；叶柄有短柔毛和腺毛。单性花，雌雄异株；总状花序生于短枝上；总花梗、花柄和苞片上被短柔毛并疏生腺毛；花带红色；萼管浅碟形，5裂片，卵形；5枚花瓣，鳞片状，极小；雌蕊子房下位，近球形，花柱2裂。浆果，红色，近球形，果序上疏生3～6个果实。花期5—6月，果期7—8月。变种区别在于，叶基部为宽楔形，叶柄、叶两面和花序的毛较少或近无毛。

生长环境：中生植物。山地灌木丛的伴生植物，生于石质山坡和沟谷。

分布：无集中大面积分布。仅零散分布于准格尔旗的阿贵庙、鄂托克旗的阿尔巴斯山区。

可利用价值：园林绿化观赏灌木。低等饲用植物。

61. 准噶尔栒子

拉丁文名：*Cotoneaster soongoricus* (Regel et Herd.) Popov

蔷薇科　*Rosaceae*
栒子属　*Cotoneaster*
别　名　准噶尔总花栒子

形态特征：落叶灌木，高达1～2.5米。枝条开张，稀直升，小枝细瘦，圆柱形，灰褐色，嫩时密被皮灰色绒毛，成长时逐渐脱落无毛。叶片广椭圆形、近圆形或卵形，长1.5～5厘米，宽1～2厘米，先端常圆钝而有小凸尖，有时微凹，基部圆形或宽楔形，上面无毛或具稀疏柔毛，叶脉常下陷，下面被白色绒毛，叶脉稍微突起；叶柄长2～5毫米，具绒毛。花3～12朵，成聚伞花序，总花梗和花梗被白色绒毛；花梗长2～3毫米；花直径8～9毫米；萼筒钟状，外被绒毛，内面无毛；萼片宽三角形，先端急尖，外面有绒毛，内面近无毛或无毛；花瓣平展，卵形至近圆形，先端圆钝，稀微凹，基部有短爪，内面近基部微带白色细柔毛，白色；雄蕊18～20枚，稍短于花瓣，花药黄色；花柱2根，离生，稍短于雄蕊；子房顶部密生白色柔毛。果实卵形至椭圆形，长7～10毫米，红色，具1～2枚小核。花期5—6月，果期9—10月。

生长环境：旱中生植物。散生于山地的石质山坡。

分布：无集中大面积分布。散生于准格尔旗的阿贵庙、神山，鄂托克旗的阿尔巴斯山区。

可利用价值：低等饲用植物。

62. 绵刺

拉丁文名：*Potaninia mongolica* Maxim.

蔷薇科　*Rosaceae*
绵刺属　*Potaninia*
别　名　无

形态特征：落叶矮小灌木，高20～40厘米。直立或小枝倾斜，地下茎粗壮；茎多分枝，枝被长绢毛，具宿存、坚硬而成刺状的老叶柄。叶为三出复叶；小叶革质，顶生小叶3全裂，裂片与侧生小叶同形,为线状披针形或线状倒披针形,长 2～4 毫米,宽 0.5～0.8 毫米,全缘,中脉及侧脉不明显,两面具长绢毛;叶柄短、坚硬、宿存;托叶膜质,贴生于叶柄。花单生叶腋,直径 3～4 毫米,花梗长 3～5 毫米;苞片 3 个,卵形;萼筒漏斗形,萼片 3 个,三角状卵形,先端锐尖;副萼片 3 个,披针形,与萼片近等长;花瓣 3 片,圆形,白色或浅粉红色;雄蕊 3 枚,短于花瓣;子房上位,长卵圆形,密生绢毛,花柱基生。

瘦果长圆形,长约 2 毫米,淡黄色,为宿存萼筒包被。子房椭圆形,被长柔毛。瘦果,外有宿存的萼筒。

生长环境:强度旱生植物,耐极端干旱,有假死状态生存式样,如遇降水,能较快生长、开花、结果。生于戈壁和覆沙碎石的石质平原,也见于山前冲积扇,常形成大面积的荒漠群落。

分布:有大面积稀疏分布,诸如杭锦旗西部,鄂托克旗阿尔巴斯、蒙西等地。

可利用价值:中等饲用植物。国家重点保护植物。

63. 白刺

拉丁文名:*Nitraria tangutorum* Bobr.

蒺藜科　*Zygophyllaceae*
白刺属　*Nitraria* L.
别　名　唐古特白刺

形态特征:灌木,高 1～2 米。多分枝,开展或平卧;小枝灰白色,先端常成刺状。叶通常 2～3 枚簇生,宽倒披针形或长圆状匙形,长 1.8～2.5 厘米,宽 3～6 毫米,顶端常圆钝,很少尖锐,全缘。花絮顶生,花黄白色,具短梗。核果卵圆形或椭圆形,熟时深红色,果汁为玫瑰色,长 0.8～1.2 厘米,直径 6～9 毫米。果核卵形,上部渐尖,长 5～8 毫米,宽 3～4 毫米。花期 5 月,果期 7—8 月。

生长环境:旱生植物。是自荒漠草原到荒漠地带沙地上的重要建群种之一。常见于

古河床阶地、内陆湖盆边缘、盐化低洼地的芨芨草滩外围等处,常形成中至大型的沙堆。

分布:有集中连片面积,分布在杭锦旗西部、乌审旗、鄂托克旗、鄂托克前旗的沙丘堆等地。

可利用价值:低等饲用植物;药用植物;重要的固沙植物,能积沙形成白刺沙堆,固沙能力强。

64. 小果白刺

拉丁文名:*Nitraria sibirica* Pall.

蒺藜科	*Zygophyllaceae*
白刺属	*Nitraria* L.
别　名	西伯利亚白刺

形态特征:灌木,高0.5～1.5米。树木弯曲,多分枝,枝铺散开来,少直立;小枝灰白色,不孕枝先端刺针状。叶近无柄,在嫩枝上4～6片簇生,倒披针形,长6～15毫米,宽2～5毫米,先端锐尖或钝,基部渐窄成楔形,无毛或幼时被柔毛。聚伞花序长1～3厘米,被疏柔毛;萼片5个,绿色;花瓣黄绿色或近白色,矩圆形,长2～3毫米。果椭圆形或近球形,两端钝圆,长6～8毫米,熟时暗红色;果汁暗蓝色,带紫色,味甜而微咸;果核卵形,先端尖,长4～5毫米。花期5—6月,果期7—8月。

生长环境:耐盐旱生植物,生于轻度盐碱化低地、湖盆边缘、干河床边,可成优势树种并形成群落。

分布:具集中连片面积,分布在杭锦旗西部、乌审旗、鄂托克旗,以及鄂托克前旗沙丘堆。

可利用价值:低等饲用植物;药用植物;重要的固沙植物,能积沙形成白刺沙堆,固沙能力强。

65. 葱皮忍冬

拉丁文名：*Lonicera ferdinandii* Franch.

忍冬科 *Caprifoliaceae*
忍冬属 *Lonicera* L.
别　名　秦岭金银花

形态特征：顶端尖或短渐尖，基部圆形、楔形至浅心形，边缘有时波状，很少有不规则钝缺，有睫毛，上面疏生刚伏毛或近无毛，下面脉上连同叶柄和总花梗都有刚伏毛和红褐色腺，很少毛密如绒状；叶柄和总花梗均极短。苞片大，叶状，披针形至卵形，长达1.5厘米，毛被与叶同；小苞片合生成坛状壳斗，完全包被相邻的两萼筒，直径约2.5毫米，果熟时达7～13毫米，幼时外面密生长短不一的直糙毛，内面有贴生长柔毛；萼齿三角形，顶端稍尖，被睫毛；花冠白色，后变为淡黄色，长(1.3) 1.5～1.7(2)厘米，外面密被反折短刚伏毛、展开的微硬毛及腺毛，很少无毛或稍有毛，内面有长柔毛，唇形；花筒比唇瓣稍长或近等长，基部一侧肿大，上唇浅4裂，下唇细长且反曲；花柱上部有柔毛。果实红色，卵圆形，长达1厘米，外包以撕裂的壳斗，各内含2～7颗种子；种子椭圆形，长6～7毫米，扁平，密生锈色小凹孔。花期4月下旬至6月，果熟期9—10月。

生长环境：中生植物，生于暖温带草原的山地、丘陵等处，常生于山地灌木丛中。

分布：无集中分布，散生于准格尔旗阿贵庙的次生林边缘。

66. 宽叶沙木蓼

拉丁文名：*Atrapphaxis bracteata* A.Los.var.*latifolia* H.C.Fu er.M.H.Zhao

蓼　科　*Polygonaceae*
木蓼属　*Atraphaxis*
别　名　无

形态特征：直立灌木，高1~1.5米。主干粗壮，淡褐色，直立，无毛，具肋棱多分枝；枝延伸，褐色，斜升或成钝角叉开，平滑无毛，顶端具叶或花。托叶鞘圆筒状，长6~8毫米，膜质，上部斜形，顶端具2个尖锐牙齿；叶革质，圆形或宽卵形，稀椭宽圆形，先端圆形具短尖头，鲜黄色或黄绿色；当年生枝上的叶子为披针形，长1.5~3.5厘米，宽0.8~2厘米，顶端钝，具小尖，基部圆形或宽楔形，边缘微波状，下卷，两面均无毛，侧脉明显；叶柄长1.5~3毫米，无毛。总状花序，顶生，长2.5~6厘米；苞片披针形，长约4毫米，上部者钻形，膜质，具1条褐色中脉，每苞内具2~3朵花；花梗长约4毫米，关节位于上部。花被片5个，绿白色或粉红色；内轮花被片卵圆形，不等大，长5~6毫米，直径7~8毫米，网脉明显，边缘波状；外轮花被片肾状圆形，长约4毫米，宽约6毫米，果时平展，不反折，具明显的网脉。瘦果卵形，具三棱形，长约5毫米，黑褐色，光亮。花果期6—8月。

生长环境：沙生旱生植物。生于沙丘上。

分布：无集中分布，零散分布在乌审旗的毛乌素沙地。

可利用价值：良等饲用植物。

67. 内蒙野丁香

拉丁文名：*Leptodermis ordosica* H. C. Fu et E. W. Ma

茜草科　*Rubiaceae*
野丁香属　*Leptodermis*
别　　名　无

形态特征：小灌木，高 20~40 厘米。多分枝，开展，老枝暗灰色，具细裂纹，小枝较细。叶对生或假轮生，椭圆形以至狭长椭圆形，长 3~8 毫米，宽 2~5 毫米，全缘，常反卷。叶柄短，长约 1 毫米，密被乳头状微毛；叶托为三角状卵形或卵状披针形，先端渐尖。花近无梗，1~3 朵簇生于叶腋或枝顶；花萼长约 2 毫米，萼筒倒卵形，花冠长漏斗状，紫红色，长约 14 毫米，裂片 1~5 个，卵状披针形，长约 3 毫米。蒴果椭圆形，长 2~3.5 毫米，黑褐色；种子矩圆状倒卵形，长约 1 毫米，黑色，外包以网状的果皮内壁。花期 7—8 月，果期 8 月。

生长环境：旱生植物，生长于山坡石缝中。

分布：无集中分布面积，零星分布在鄂托克旗的阿尔巴斯山区。

可推广利用价值：内蒙古重点保护植物。

68. 猥实

拉丁文名：*Kolkwitzia amabilis* Geaebn.

忍冬科　*Caprifoliaceae*
猥实属　*Kolkwitzia* Geaebn.
别　　名　美人木

形态特征：落叶灌木，株高 3 米。树皮剥片状剥裂，幼枝披柔毛。叶对生，叶椭圆形至卵状矩圆形，长 3~7 厘米，顶端渐尖，基部圆形，全缘或稀有锯齿，两面疏生短柔毛。顶生聚伞花序，每小花梗具 2 朵花；萼筒下部合生，外面背长刺毛，顶端 5 裂；花冠钟形，5 裂，粉红色至紫色，雄蕊 2 长 2 短。花期为 5—6 月。瘦果状核果，两个合生，有时其中一个不发育，外被刺毛，8—9 月成熟。

生长环境：喜光，有一定的耐阴性，耐寒，喜排水良好的湿润肥沃的沙质土壤，较耐干旱贫瘠。生于山坡、路边的灌木丛中。

分布：零散分布在准格尔旗的马栅。

可推广利用价值：花色鲜艳、果形奇特，可作为园林绿化树种。是国家重点保护植物。

69. 沙枣

拉丁文名：*Elaeagnus angustifolia* L.

胡颓子科 *Elaeagnaceae*
胡颓子属 *Elaeagnus* L.
别　　名 桂香柳、金铃花、银柳、七里香

形态特征：灌木或乔木，高 3～10（15）米。树皮栗褐色至红褐色，有光泽，树干常弯曲，枝条稠密，具枝刺。嫩枝、叶、花果均被银白色鳞片及星状毛。叶具柄，披针形，长 4～8 厘米，先端尖或钝，基部楔形，全缘，上面银灰绿色，下面银白色。花小，银白色，芳香，通常 1～3 朵生于小枝叶腋；花萼筒状钟形，顶端通常 4 裂。果实长圆状椭圆形，直径为 1 厘米，果肉粉质；果皮早期银白色，后期鳞片脱落，呈黄褐色或红褐色。

生长环境：喜潮湿、阳光，耐肥、耐涝，在水边生长良好。

分布：无集中分布，零散分布在全市各地。

70. 阿拉善点地梅

拉丁文名：*Androsace alashanica* Maxim.

报春花科 *Primulaceae*
点地梅属 *Androsace* Maxim.
别　　名 无

形态特征：多年生垫状植物，植株高2.5~4厘米，呈小灌木状。主根粗壮，木质，直径可达6毫米；地上部分会多次叉状分枝，形成高2.5~4厘米的垫状密丛；枝为鳞覆的枯叶丛覆盖，呈棒状，直径达6毫米。当年生叶丛位于枝端，叠生于老叶丛上，直径5~7毫米；叶灰绿色，革质，线状披针形或近钻形，长5~7(10)毫米，宽0.75~2毫米，先端渐尖，具软骨质边缘和尖头，基部稍增宽，近膜质，两面无毛，背面中肋隆起，边缘光滑或微具毛。花葶单一，极短或长达5毫米，藏于叶丛中，被长柔毛，顶生1(2)朵花；苞片通常2枚，线形或线状披针形，长约3毫米；花萼陀螺状或倒圆锥状，长3~3.5毫米，稍具5棱，近于无毛或沿棱脊两侧微被毛，分裂约达中部；裂片三角形，先端锐尖，具缘毛；花冠白色，直径6~7毫米，筒部与花萼近等长，喉部收缩，稍隆起，裂片倒卵形，先端楔形或微呈波状。蒴果近球形，稍短于宿存花萼。花期5—6月。

生长环境：旱生植物，生于山地、石质山坡及干旱沙地等处。

分布：无集中分布，零星分布在鄂托克旗的阿尔巴斯乌仁都西。

可推广利用价值：低等饲用植物。

71. 针枝芸香

拉丁文名：*Haplophyllum tragacanthoides* Diels

苦木科　*Rutaceae*
拟芸香属　*Haplophyllum* Diels
别　　名　无

形态特征：小半灌木，高2～8厘米。从茎的基部起有密集的二歧分枝，并有长针状、已落叶的上年生枯枝同时并存。叶短线形或狭椭圆形，长3～9毫米，宽1～3毫米，灰绿色或绿色，散生油点，厚纸质，边缘有甚细小的裂齿，叶脉不显，无叶柄。花单朵生于枝顶；萼片基部合生，卵形，边缘被缘毛，长不过1毫米；花瓣5片，黄色，长圆形，长7～8毫米，宽约3毫米，边缘不规则，散生半透明的大油点；雄蕊10枚，比花瓣短，比花柱长，中部以下增宽而扁平且被缘毛；花柱长约2.5毫米，柱头略增大，心皮5或4个。成熟的果实宿存，顶部开裂，果皮有油点，分果瓣径约5毫米，每分果瓣有1种子；种子肾形，长2～2.5毫米，厚约1.5毫米，种皮有细皱纹。花期5—6月，果期7—8月。

生长环境：强旱生植物。生于干旱区的石质山坡处。

分布：无集中分布，小片分布于鄂托克旗的阿尔巴斯山顶。

72. 刺叶小檗

拉丁文名：*berberis sibirica* Pall.

小檗科　*Berberidaceae*
小檗属　*Berberis* L.
别　　名　无

形态特征：落叶灌木，高50～80厘米。老枝暗灰色，表面具纵条裂，幼枝红色或红褐色。叶刺或3或5或7分叉，长3～10毫米；叶近革质，叶片倒卵形、倒披针形或倒卵状矩圆形，长1～2厘米，宽5～8毫米，边缘刺状疏齿。花多单生，淡黄色，花梗长7～10毫米；外轮萼片椭圆状卵形，内轮萼片倒卵形；花瓣倒卵形，与花萼近等长，顶端微缺。浆果倒卵形，鲜红色，长7～9毫米，直径6～7毫米，内含种子(5)6～8粒。花期5—6月，果期9月。

生长环境：旱中生植物，生长于山区的碎石山坡和陡峭的山坡，或者草原带以及荒漠区的山地等处。

分布：无集中分布，零散分布在准格尔旗的阿贵庙、伊金霍洛旗的新庙。

可推广利用价值：药用植物；园林绿化树种。

73. 黄芦木

拉丁文名：*Berberis amurensis* Rupr.

小檗科　Berberidaceae
小檗属　*Berberis* L.
别　名　黄芦木小檗

形态特征：落叶灌木，高 2~3.5 米。老枝淡黄色或灰色，稍具棱槽，无疣点；节间 2.5~7 厘米；茎刺三分叉，稀单一，长 1~2 厘米。叶纸质，倒卵状椭圆形、椭圆形或卵形，长 5~10 厘米，宽 2.5~5 厘米，先端急尖或圆形，基部楔形，上面暗绿色，中脉和侧脉凹陷，网脉不显，背面淡绿色，无光泽，中脉和侧脉微隆起，网脉微显，叶缘平展，每边具 40~60 个细刺齿；叶柄长 5~15 毫米。总状花序具 10~25 朵花，长 4~10 厘米，无毛，总梗长 1~3 毫米；花梗长 5~10 毫米；花黄色；萼片 2 轮，外萼片倒卵形，长约 3 毫米，宽约 2 毫米，内萼片与外萼片同形，长 5.5~6 毫米，宽 3~3.4 毫米；花瓣椭圆形，长 4.5~5 毫米，宽 2.5~3 毫米，先端浅缺裂，基部稍呈爪形，具 2 枚分离腺体；雄蕊长约 2.5 毫米，药隔先端不延伸，平截；胚珠 2 枚。浆果长圆形，长约 10 毫米，直径约 6 毫米，红色，顶端不具宿存花柱，不被白粉或仅基部微被霜粉。花期 4—5 月，果期 8—9 月。

生长环境：中生植物，为常见的山地灌木丛伴生种，有的稀疏生于林缘或山地沟谷。

分布：无集中分布，散生于准格尔旗的阿贵庙。

可推广利用价值：药用，可做黄连的代用品；园林绿化树种。

74. 单瓣黄刺玫

拉丁文名：*Rosa xanthina* L.f.Normalis Rehd.et Wils.

蔷薇科　Rosaceae
蔷薇属　*Rosa* L.
别　名　单瓣黄刺玫（变型）

形态特征：直立灌木，栽培黄刺玫的原始种，高 2~3 米。枝粗壮，密集，披散；小枝无毛，有散生皮刺，无针刺。小叶 7~13 个，连叶柄长 3~5 厘米；小叶片宽卵形或近圆形，稀椭圆形，先端圆钝，基部宽楔形或近圆形，边缘有圆钝锯齿，上面无毛，幼嫩时下面有稀疏柔毛，后逐渐脱落；叶轴、叶柄有稀疏柔毛和小皮刺；托叶为带状披针形，大部贴生于叶柄，离生部分呈耳状，边缘有锯齿和腺。花单生于叶腋，单瓣，黄色，无苞片；花梗长 1~1.5 厘米，无毛，无腺；花直径 3~4(5) 厘米；萼筒、萼片外面无

毛，萼片披针形，全缘，先端渐尖，内面有稀疏柔毛，边缘较密；花瓣黄色，宽倒卵形，先端微凹，基部宽楔形；花柱离生，被长柔毛，稍伸出萼筒口外部，比雄蕊短很多。果近球形或倒卵圆形，紫褐色或黑褐色，直径8～10毫米，无毛，花后萼片反折。花期4—6月，果期7—8月。

生长环境：生于向阳山坡或灌木丛中。

分布：无集中分布面积。零星分布在鄂托克旗的阿尔巴斯山顶、准格尔旗、东胜区、伊金霍洛旗东南部。

可推广利用价值：药用；优良的园林绿化树种。

75. 山刺玫

拉丁文名：*Rosa davurica* Pall.

蔷薇科　*Rosaceae*
蔷薇属　*Rosa* L.
别　名　无

形态特征：直立灌木，高约1.5米。分枝较多，小枝圆柱形，无毛，紫褐色或灰褐色，有带黄色皮刺，皮刺基部膨大，稍弯曲，常成对生于小枝或叶柄基部。小叶7～9个，连带上叶柄长4～10厘米；小叶片山刺玫为长圆形或阔披针形，长1.5～3.5厘米，宽5～15毫米，先端急尖或圆钝，基部圆形或宽楔形，边缘有单锯齿和重锯齿，上面深绿色，无毛，中脉和侧脉下陷，下面灰绿色，中脉和侧脉突起，有腺点和稀疏短柔毛；叶柄和叶轴有柔毛、腺毛和稀疏皮刺；托叶大部贴生于叶柄，离生部分卵形，边缘

有带腺锯齿,下面被柔毛。花单生于叶腋,或2～3朵簇生;苞片卵形,边缘有腺齿,下面有柔毛和腺点;花梗长5～8毫米,无毛或有腺毛;花直径3～4厘米;萼筒近圆形,光滑无毛,萼片披针形,先端扩展成叶状,边缘有不整齐锯齿和腺毛,下面有稀疏柔毛和腺毛,上面被柔毛,边缘较密;花瓣粉红色,倒卵形,先端不平整,基部宽楔形;花柱离生,被毛,比雄蕊短很多。果近球形或卵球形,直径1～1.5厘米,红色,光滑,萼片宿存,直立。花期6—7月,果期8—9月。

生长环境:中生植物。在草原带的山地,生于林下、林缘及石质山坡,也生于河岸沙质地;山地灌木丛的建群种或优势种,多呈团状分布。

分布:零星分布在鄂托克旗的阿尔巴斯山区。

76. 肉苁蓉

拉丁文名：*Cistanche deserticola* Ma.

列 当 科　*Orobanchaceae*
肉苁蓉属　*Cistanche* Hoffmg. et Link
别　　名　苁蓉、大芸

形态特征：高大草本，高40～160厘米。茎肉质，圆柱形，大部分地下生；茎不分枝或自基部分2～4枝，下部直径可达5～10(15)厘米，向上渐变细，直径2～5厘米。叶变态成肉质鳞片，在茎上呈螺旋状排列，茎、叶淡黄色；叶宽卵形或三角状卵形，长0.5～1.5厘米，宽1～2厘米，生于茎下部的较密、上部的较稀疏并变狭，披针形或狭披针形，长2～4厘米，宽0.5～1厘米，两面无毛。花序穗状，长15～50厘米，直径4～7厘米。种子椭圆形或近卵形，长0.6～1毫米，外面网状，有光泽。花期5—6月，果期6—8月。

生长环境：根寄生植物，寄主为梭梭，生于梭梭荒漠中。

分布：杭锦旗的呼和木独有人工梭梭林。

可推广利用价值：肉质茎入药，能补精血、益肾壮阳、润肠，为国家重点保护植物。

77. 中国沙棘

拉丁文名：*Hippophae rhamnoides* Linn.

胡颓子科 *Elaeagnaceae*
沙 棘 属 *Hippophae* L.
别　　名 醋柳、酸刺、黑刺

形态特征：落叶灌木或小乔木，高 1～5 米，生于高山沟谷中的可达 18 米。棘刺较多，粗壮，顶生或侧生；嫩枝褐绿色，密被银白色而带褐色的鳞片或有时具白色星状毛；老枝灰黑色，粗糙；芽大，金黄色或锈色。果实圆球形，直径 4～6 毫米，橙黄色或橘红色；果梗长 1～2.5 毫米；种子小，黑色或紫黑色，有光泽。花期 4—5 月，果期 9—10 月。

生长环境：旱中生植物。喜光树种，不耐阴；抗严寒、风沙，耐干旱和高温，对土壤要求不严。

分布：全市各地均有分布，东胜区罕台镇建设有沙棘原料林。

良种：圣果 1 号，编号国 S－SV－HR－023－2011，由鄂尔多斯市高原圣果生态建设开发有限公司培育，为国家林业局审定良种。

可推广利用价值：果实可食用、药用，可作浓缩性维生素 C 的制剂和酿酒。可制饮料、酱油、醋，亦可提取黄酮。种子可榨油；叶可制茶；枝叶适口性好，属于良等饲用植物。

78. 内蒙亚菊

拉丁文名：*Ajania alabasica* H.C.Fu.

菊　科　*Compositae*
亚菊属　*Ajania Poljak.*
别　名　无

形态特征：小半灌木，高15～20厘米。根木质，粗壮，扭曲；老枝褐色或灰褐色，木质，枝皮纵裂，有老枝生发出多数短缩的不育枝和细长的花枝，全部花枝与不育枝密被白色绢毛，后脱落无毛。下部叶与中部叶为匙形或扇形，长0.5～1.5厘米，宽2～15毫米，深裂或3全裂，有时为二回掌式羽状全裂；一回侧裂片1对，顶裂片与侧裂片全缘，或有1对小裂片，或仅一侧有1小裂片，裂片及小裂片为条形、矩圆状条形、披针形或长卵形，宽1～1.5毫米，先端锐尖或钝；叶柄长2～4毫米，上部叶3裂或不全裂，全部叶灰白色，两面密被绢毛。头状花序单生于枝端，总苞钟状，总花苞片4～5层，外层为菱状卵形，中内层为宽椭圆形，中外层的外面密被或疏被绢毛，全部总苞片边缘褐色宽膜质；边缘雌花5朵，花冠细管状，长2.5毫米，顶端4齿裂，两性花冠管状，长约3毫米；全部花冠黄色，外面有腺点。蒴果楔形，长约1毫米，淡褐色。花果期7－10月。

生长环境：强旱生植物。生于石质山坡上。

分布：分布于鄂托克旗的阿尔巴斯山。

可推广利用价值：内蒙古重点保护植物，中等饲用植物。

79. 束伞亚菊

拉丁文名：*Ajania parviflora*（Grun.）Ling.

菊　科　*Compositae*
亚菊属　*Ajania Poljak.*
别　名　无

形态特征：小半灌木状，高7～25米。老枝水平伸出，由不定芽发出，且与老枝垂直而彼此又相互平行的花茎和不育茎，或老枝短缩，生发出的花茎和不育茎密集成簇；花茎不分枝，仅在枝顶有束伞状短分枝，被稀疏短柔毛。中部茎叶卵形，长约2.5厘米，宽约2厘米；二回羽状分裂，一回侧裂片1～2对，二回为叉裂或3裂；在矮小的植株中，有时掌状或掌2回3出全裂；上部和中下部叶3～5个羽状全裂；不育枝上的叶密集簇生；末回裂片线形，宽0.5～1毫米；全部叶两面异色，上面淡绿色，被稀疏短柔毛，下面淡灰白色，被稠密的短柔毛。头状花序少数，5～10个在茎顶排成规则的束状伞房花序，花序直径1.5～2.5厘米；总苞圆柱状，直径2.5～3毫米；总苞片4层，呈麦秆黄色，有光泽；外层披针形，长1.5毫米，内中层长椭圆形，长3.5毫米；全部苞片硬草质，顶端急尖，边缘白色膜质，仅外层基部有微毛,其余无毛;边缘雌花4朵,花冠与两性花的花冠同形状,管状,长3.5毫米,顶端5深裂,裂片反折,裂片外面偶染红色。蒴果长1.5毫米。花果期8—9月。

生长环境:强旱生植物。生于低山砾石质的坡地或沟谷中。

分布:无集中分布,零散分布于杭锦旗的伊和乌素、鄂托克旗的阿尔巴斯山区。

可推广利用价值:中等饲用植物。

80. 灌木亚菊

拉丁文名:*Ajania fruticulosa* (Ledeb.) Poljak.

菊　科	*Compositae*
亚菊属	*Ajania* Poljak.
别　名	无

形态特征:小半灌木,高8～40厘米。老枝麦秆黄色,花枝灰白色或灰绿色,被稠密或稀疏的短柔毛;上部及花序和花梗上的毛较多或更密。中部茎叶为圆形、扁圆形、三角状卵形、肾形或宽卵形,长0.5～3厘米,宽1～2.5厘米,规则或不规则的二回掌状或掌式羽状3～5分裂;一、二回全部全裂;一回侧裂片1对或不明显2对,通常3出,但变异范围在2～5出之间;中上部和中下部的叶掌状3～4全裂或有时掌状5裂,或全部茎叶3裂;全部叶有长或短柄,末回裂片钻形、宽线形、倒长披针形,宽0.5～5毫米,顶端尖或圆或钝,两面同色或几同色,灰白色或淡绿色,被等量的顺向贴伏的短柔毛;叶耳无柄。头状花序小,少数或多数在枝端排成伞房花序或复伞房花序;总苞钟状,直径3～4米;总苞片4层,外层卵形或披针形,长1毫米,中内层椭圆形,长2～3毫米;全部苞片边缘白色或带浅褐色膜质,顶端圆或钝,仅外层基部或外层被短柔毛,其余无毛,麦秆黄色,有光泽;边缘雌花约5朵,花冠长2毫米,细管状,顶端3～5齿。蒴果长约1毫米。花果期6—10月。

生长环境:强旱生植物,生于低山及丘陵的石质坡地上。

分布:零散分布在乌审旗,以及鄂托克旗的查布、阿尔巴斯山。

81. 蓍状亚菊

拉丁文名:*Ajania achilloides* (Turcz.) Poljak.et Grubov.

菊　科	*Compositae*
亚菊属	*Ajania* Poljak.
别　名	无

形态特征:小半灌木,高15～25厘米。根粗壮,木质,多弯曲;茎由基部多分枝;直立或倾斜,细长,基部木质,灰绿色或绿色,下部带黄褐色,密被灰色贴服的短柔毛或分叉短毛。叶灰绿色,基生叶

花期枯萎脱落，茎下部叶及中部叶长10～15毫米；二回羽状全裂，小裂片狭条形或条状矩圆形，长2～5毫米，宽0.5～1毫米，先端钝或尖；叶无柄或具短柄，基部有狭条形假托叶，枝上部羽状全裂或不分裂，全部叶两面被绢状短柔毛及腺点。头状花序3～6个在枝端排列成伞房状，花根纤细，苞叶狭条形；总苞钟状，长3～4厘米，直径3～4厘米，疏被短柔毛或无毛；总苞片3～4层，外层卵形，中内层卵形或倒圆状卵形，全部总苞片的中肋淡绿色，边缘膜质；边缘雌花6～8朵，花冠细管状，长约2毫米；两性花的花冠呈管状，长2～2.5毫米，外面有腺点。蒴果矩圆形，长约1毫米。花果期8—9月。

生长环境：强旱生植物。生于砂质及碎石和石质的山坡上。

分布：无集中分布，零星分布在杭锦旗，鄂托克旗的阿尔巴斯山、查布，以及鄂托克前旗。

82. 圆柏

拉丁文名：*Sabina chinensis*（Linn.）Ant.

柏　　科　*Cupressaceae*
圆柏属　*Platycladus*
别　　名　刺柏、柏树、桧、桧柏

形态特征：常绿乔木，高达20米，胸径可达3.5米。树冠塔形，树皮灰褐色，纵裂，条片脱落。叶二型，刺形叶常3枚轮生，稀交互对生，上面微凹，有两条白色气孔带，基部下延，无关节，上面凹下，有气孔带；鳞叶交互对生，稀三叶轮生，菱形。球花雌雄异株或同株，单生短枝顶；雄球花长圆形或卵圆形；雄蕊4～8对，交互对生；雌球花有4～8对交互对生的珠鳞，或3枚轮生的珠鳞；胚珠1～6枚，生于珠鳞内面的基部。球果当年、翌年或三年成熟，珠鳞发育为种鳞，肉质，不开裂；种子1～6粒，无翅；子叶2～6枚。雌雄异株，少同株。球果近圆球形，2年成熟，果径6～8毫米，暗褐色，外有白粉，有1～4粒种子。种子卵形且扁。子叶2枚。花期4月下旬，果多次年10—11月成熟。

生长环境：喜光树种，较耐荫。对土壤要求不严，能生于酸性、中性及石灰质土壤中，对土壤的干旱及潮湿均有一定的抗性。但以在中性、深厚且排水良好处生长最佳。深根性，侧根也很发达。

分布：全市各地城镇的园林绿化中皆有栽培。

可推广利用价值：材质致密，坚硬，桃红色，美观而有芳香，极耐久，宜作为图板、棺木、铅笔、家具或建筑材料。种子可榨油，或入药。

83. 复叶槭

拉丁文名：*Acer negundo* L.

槭树科 *Aceraceae*
槭树属 *Acer* L.
别　名　糖槭

形态特征：落叶乔木，最高达 15 米。树皮黄褐色或灰褐色；小枝光滑无毛、被白蜡粉。羽状复叶，长 10～25 厘米，有 3～7（稀 9）枚小叶；小叶纸质，卵形或椭圆状披针形，长 8～10 厘米，宽 2～4 厘米，先端渐尖，基部钝形或阔楔形，边缘常有 3～5 个粗锯齿，稀全缘；中小叶的小叶柄长 3～4 厘米，侧生小叶的小叶柄长 3～5 毫米，上面深绿色，无毛，下面淡绿色，除脉腋有丛毛外其余部分无毛；主脉和 5～7 对侧脉均在下面显著处；叶柄长 5～7 厘米，嫩时有稀疏的短柔毛，成熟后无毛。

雄花的花序聚伞状，雌花的花序总状，均由无叶的小枝旁生出，常下垂，花梗长 1.5～3 厘米；花小，黄绿色，开于叶前，雌雄异株，无花瓣及花盘；雄蕊 4～6 枚，花丝很长，子房无毛。小坚果凸起，近于长圆形或长圆卵形，无毛；翅宽 8～10 毫米，稍向内弯，连同小坚果长 3～3.5 厘米，张开成锐角或近于直角。花期 4—5 月，果期 9 月。

生长环境：喜光树种。能耐干旱，稍耐水湿，在适宜的气候环境下生长较快。

分布：外来树种，在东胜区、乌审旗、达拉特旗、准格尔旗都有栽培。

可推广利用价值：可作为用材，也是重要的水土保持和园林绿化树种。

84. 花红

拉丁文名：*Malus asiatica*

蔷薇科　*Rosacea*
苹果属　*Malus* L.
别　名　小苹果、沙果、智慧果

形态特征：小乔木，高4~6米。小枝粗壮，圆柱形，嫩枝密被柔毛，老枝暗紫褐色，花红无毛，有稀疏浅色皮孔；冬芽卵形，先端急尖，初时密被柔毛，逐渐脱落，灰红色。叶片卵形或椭圆形，长5~11厘米，宽4~5.5厘米，先端急尖或渐尖，基部圆形或宽楔形，边缘有细锐锯齿，上面有短柔毛，逐渐脱落，下面密被短柔毛；叶柄长1.5~5厘米，具短柔毛；托叶小，膜质，披针形，早落。伞房花序，具花4~7朵，集生在小枝顶端；花梗长1.5~2厘米，密被柔毛；花直径3~4厘米；萼筒钟状，外面密被柔毛；萼片三角披针形，长4~5毫米，先端渐尖，全缘，内外两面密被柔毛，萼片比萼筒稍长；花瓣倒卵形或长圆倒卵形，长8~13毫米，宽4~7毫米，基部有短爪，淡粉色；雄蕊17~20枚，花丝长短不等，比花瓣短；花柱4（或5）枚，基部具长绒毛，比雄蕊较长。果实卵形或近球形，直径4~5厘米，黄色或红色，先端渐狭，不具隆起，基部陷入，宿存萼肥厚隆起。花期4—5月，果期8—9月。

生长环境：中生植物。生长于山坡阳处、平原沙地，海拔50~2800米。根系强健，萌蘖性强，花红色，生长旺盛，抗逆性强。喜光、耐寒、耐干旱，亦耐水湿及盐碱。适生范围广，在土壤排水良好的坡地上生长尤佳，对土壤肥力要求不严。

分布：准格尔旗有栽培。

可推广利用价值：果实可食用，制作果干果脯、果酱、果酒、果醋等。是嫁接苹果的优良砧木。低等饲用植物。

第三章 古树名木的保护情况

ORDOS
鄂尔多斯市林木种质资源
E'ERDUOSI SHI LINMU ZHONGZHI ZIYUAN

第一节　古树名木的分布状况

古树名木遍布鄂尔多斯大地,在全市的古树名木中,有召庙(含敖包)古树 85 株,深山旷野古树 95 株,村镇所在地及街道古树 105 株,机关单位古树 13 株,居民院落及附近的古树 21 株,各类保护区内的古树 90 株。在古树名木中,"神树"有 99 株,占古树总数的 30%。

第二节　古树整体分布情况

(一)东胜区古树名木

杜松古树

学名:杜松
当地土名:杜松
拉丁名:*Juniperus rigida* S. et Z.
科别:柏科
属别:刺柏属
地点:东胜区铜川镇常青村
小地名:神山豁子
地理坐标:4405696,0428845
海拔:1577 米
树高:6.5 米
胸径:34 厘米
枝下高:1.6 米
平均冠幅直径:3.91 米
树龄:200 年
异常情况:无
结实情况:少
调查时间:2013 年 9 月 2 日

(二)达拉特旗古树名木

旱柳古树

学名:旱柳
当地土名:旱柳
拉丁名:*Salix matsudana* Koidz.
科别:杨柳科
属别:杨属
地点:达拉特旗昭君镇四村
小地名:西葫芦头
地理坐标:0375841,4483308
树高:11 米
胸径:65 厘米
枝下高:1.2 米
平均冠幅直径:13 米
树龄:270 年
异常情况:无
结实情况:未见
调查时间:2013 年 9 月 2 日

旱柳古树

学名:旱柳
当地土名:旱柳
拉丁名:*Salix matsudana* Koidz.
科别:杨柳科
属别:杨属
地点:达拉特旗昭君镇四村
小地名:万恒店
地理坐标:0375959,4483217
树高:12 米
胸径:51 厘米
枝下高:1.9 米
平均冠幅直径:6.1 米
树龄:270 年
异常情况:无
结实情况:未见
调查时间:2013 年 9 月 2 日

文冠果古树

学名：文冠果
当地土名：木瓜
拉丁名：*Xanthoceras sorbifolia* Bunge
科别：无患子科
属别：文冠果属
地点：达拉特旗昭君镇高头窑赛乌素村
小地名：宝利庙社（杜永明家）
地理坐标：0381071,4432587
树高：9米
胸径：20厘米
枝下高：2.4米
平均冠幅直径：5米
树龄：270年
异常情况：无
结实情况：未见
调查时间：2013年9月3日

文冠果古树

学名：文冠果
当地土名：木瓜
拉丁名：*Xanthoceras sorbifolia* Bunge
科别：无患子科
属别：文冠果属
地点：达拉特旗树林召镇
小地名：原林业局幼儿园内
地理坐标：0416898,4473959
树高：9米
胸径：165厘米
枝下高：3米
平均冠幅直径：6米
树龄：315年
异常情况：无
结实情况：未见
调查时间：2013年9月4日

文冠果古树

学名:文冠果
当地土名:木瓜
拉丁名:*Xanthoceras sorbifolia* Bunge
科别:无患子科
属别:文冠果属
地点:达拉特旗树林召镇
小地名:三垧梁工业园区
地理坐标:0419211,4462517
树高:9 米
胸径:410 厘米
枝下高:2.5 米
平均冠幅直径:6 米
树龄:260 年
异常情况:无
结实情况:未见
调查时间:2013 年 9 月 4 日

文冠果古树

学名:文冠果
当地土名:木瓜
拉丁名:*Xanthoceras sorbifolia* Bunge
科别:无患子科
属别:文冠果属
地点:达拉特旗造林总场展旦召
　　　苏木
小地名:大圐圙(kū lüè)
地理坐标:0402960,4458558
树高:4.5 米
胸径:190 厘米
枝下高:0.9 米
平均冠幅直径:3.3 米
树龄:110 年
异常情况:无
结实情况:未见
调查时间:2013 年 10 月 11 日

文冠果古树

学名:文冠果
当地土名:文冠树
拉丁名:*Xanthoceras sorbifolia* Bunge
科别:无患子科
属别:文冠果属
地点:达拉特旗造林总场展旦召
　　　苏木
小地名:大圐圙
地理坐标:0402977,4458593
树高:3.9米
胸径:240厘米
枝下高:1.1米
平均冠幅直径:4.9米
树龄:110年
异常情况:无
结实情况:未见
调查时间:2013年10月11日

文冠果古树

学名:文冠果
当地土名:文冠树
拉丁名:*Xanthoceras sorbifolia* Bunge
科别:无患子科
属别:文冠果属
地点:达拉特旗造林总场展旦召
　　　苏木
小地名:大圐圙
地理坐标:0402975,4458589
树高:5米
胸径:110厘米
枝下高:1.1米
平均冠幅直径:144厘米
树龄:110年
异常情况:无
结实情况:未见
调查时间:2013年10月11日

小叶杨古树

学名:小叶杨

当地土名:小叶杨

拉丁名:*Populus simonii* Carr.

科别:杨柳科

属别:杨属

地点:达拉特旗昭君镇吴四圪堵村

小地名:吴四圪堵村

地理坐标:0392583,4447678

树高:10米

胸径:270厘米

枝下高:2.3米

平均冠幅直径:3.5米

树龄:80年

异常情况:无

结实情况:未见

调查时间:2013年9月4日

家榆古树

学名:家榆

当地土名:白榆、榆树

拉丁名:*Ulmus pumila* L.

科别:榆科

属别:榆属

地点:达拉特旗树林召镇九大渠村

小地名:榆卜子

地理坐标:0429696,4445046

树高:10米

胸径:330厘米

枝下高:1.1米

平均冠幅直径:44厘米

树龄:270年

异常情况:无

结实情况:未见

调查时间:2013年9月4日

家榆古树

学名：家榆
当地土名：白榆、榆树
拉丁名：*Ulmus pumila* L.
科别：榆科
属别：榆属
地点：达拉特旗吉格斯太镇马场壕村
小地名：原乡政府所在地
地理坐标：0457783，4434747
树高：6.6 米
胸径：450 厘米
枝下高：1.6 米
平均冠幅直径：4 米
树龄：270 年
异常情况：无
结实情况：未见
调查时间：2013 年 9 月 5 日

旱柳古树

学名：旱柳
当地土名：柳树
拉丁名：*Salix matsudana* Koidz.
科别：杨柳科
属别：柳属
地点：达拉特旗白泥井镇王家壕村
小地名：二满壕社
地理坐标：0453662，4434881
海拔：1202 米
坡向：无　坡位：无　坡度：无
树高：11 米
胸径：440 厘米
枝下高：1.7 米
平均冠幅直径：16 米
树龄：砍后 30 年
异常情况：无
结实情况：无
调查时间：2013 年 9 月 5 日

（三）准格尔旗古树名木

榆树古树

树种：榆树
学名（拉丁名）：*Ulmus pumila* L.
科别：榆科
属别：榆属
位置：准格尔旗大路镇小滩子村石口子社
地理坐标：0526999，4442350
树龄：150 年
树高：14 米
主干高：4 米
胸径：93 厘米
胸围：297 厘米
平均冠幅直径：17 米
南北：18 米
东西：16 米
立地条件：黄土丘陵硬梁覆沙
海拔：1040 米
生长状况：枯死枝占全树 2/5

榆树古树

树种：榆树
学名（拉丁名）：*Ulmus pumila* L.
科别：榆科
属别：榆属
位置：准格尔旗大路镇小滩子村石口子社
地理坐标：0527061，4442317
树龄：150 年
树高：12 米
主干高：1.7 米
胸径：150 厘米
胸围：380 厘米
平均冠幅直径：22 米
南北：22 米
东西：22 米
立地条件：黄土丘陵沟底
海拔：1040 米
生长状况：生长良好，树冠下部、内膛枯死枝

文冠果古树

树种：文冠果
学名（拉丁名）：*Xanthoceras sorbifolia* Bunge
科别：无患子科
属别：文冠果属
位置：准格尔旗布尔陶亥苏木大营盘
　　　原信用社家属房张志清院内
地理坐标：0482666，4434774
树龄：150 年
树高：9 米
主干高：3.2 米
胸径：46.8 厘米
胸围：162 厘米
平均冠幅直径：9.3 米
南北：9.1 米
东西：9.5 米
立地条件：生长在院内
海拔：1182 米
生长状况：生长良好

旱柳古树

树种：旱柳
学名（拉丁名）：*Salix matsudana* Koidz.
科别：杨柳科
属别：柳属
位置：准格尔旗布尔陶亥苏木孔兑沟村
　　　川掌沟社
地理坐标：0500185，4426243
树龄：600 年
树高：12 米
主干高：3.4 米
胸径：130 厘米
胸围：540 厘米
立地条件：川沟畔
海拔：993 米
生长状况：主枝已无，只有少量枝叶

小叶杨古树

树种：小叶杨
学名（拉丁名）：*Populus simonii* Carr.
科别：杨柳科
属别：杨属
位置：准格尔旗布尔陶亥苏木孔兑沟村
　　　川掌沟社
地理坐标：0500185,4426243
树龄：600 年
树高：19 米
主干高：1 米
胸径：270 厘米
胸围：330 厘米
平均冠幅直径：28 米
南北：20 米
东西：36 米
立地条件：川沟畔
海拔：1250 米
生长状况：长势衰弱，有 7/10 枯死枝

旱柳古树

树种：旱柳
学名（拉丁名）：*Salix matsudana* Koidz.
科别：杨柳科
属别：柳属
位置：准格尔旗布尔陶亥苏木孔兑沟村
　　　前孔兑沟社黄玉山家
地理坐标：0501707,4431458
树龄：125 年
树高：15 米
主干高：2 米
胸径：173 厘米
胸围：543 厘米
平均冠幅直径：24 米
南北：25 米
东西：23.2 米
立地条件：固定沙地，沟塔下湿地
海拔：1195 米
生长状况：生长良好，树冠下垂，接近地
　　　面，底层有枯梢现象，枯枝占 20%

旱柳古树

树种:旱柳
学名(拉丁名):*Salix matsudana* Koidz.
科别:杨柳科
属别:柳属
位置:准格尔旗大路乡小滩子村乔家圪旦
地理坐标:0523497,4446143
树龄:250 年
树高:13.7 米
主干高:3.45 米
胸径:1.9 厘米
胸围:5.04 厘米
平均冠幅直径:24 米
南北:25 米
东西:23 米
立地条件:黄河冲积平原,壤土,周围有农舍,农耕地
海拔:993 米
生长状况:生长一般,有两大侧枝枯死,其他侧枝也有枯死枝,主干上有病虫害

榆树古树

树种:榆树
学名(拉丁名):*Ulmus pumila* L.
科别:榆科
属别:榆属
位置:准格尔旗大路镇城壕村柳林滩社
地理坐标:0529997,4439900
树龄:120 年
树高:13 米
主干高:3 米
胸径:153 厘米
胸围:440 厘米
平均冠幅直径:21 米
南北:20 米
东西:22 米
立地条件:山底,黄河二级阶梯
海拔:1070 米
生长状况:生长正常

榆树古树

树种:榆树
学名(拉丁名):*Ulmus pumila* L.
科别:榆科
属别:榆属
位置:准格尔旗大路镇城壕村四分地社
地理坐标:0525399,4439869
树龄:100 年
树高:9 米
主干高:4.5 米
胸径:75 厘米
胸围:240 厘米
平均冠幅直径:8 米
南北:10 米
东西:6 米
立地条件:沙地
海拔:1070 米
生长状况:生长势弱,原有三主枝,现存一枝

桑树古树

树种:桑树
学名(拉丁名):*Morus alba* L
科别:桑科
属别:桑属
位置:准格尔旗大路镇叨唠窑子村纳林沟
地理坐标:0525309,4439769
树龄:160 年
树高:12 米
主干高:1.8 米
胸径:78 厘米
胸围:244 厘米
平均冠幅直径:16.5 米
南北:18 米
东西:16 米
立地条件:黄土丘陵沟底
海拔:1130 米
生长状况:枝叶繁茂,生长良好

旱柳古树

树种：旱柳
学名（拉丁名）：*Salix matsudana Koidz.*
科别：杨柳科
属别：柳属
位置：准格尔旗大路镇房子滩村
　　　房子滩社
地理坐标：0527011，4426937
树龄：200 年
树高：11 米
主干高：2.2 米
胸径：190 厘米
胸围：（无法测量）
平均冠幅直径：19 米
南北：19 米
东西：18 米
立地条件：黄土丘陵沟底
海拔：993 米
生长状况：由于采矿，地下 30 米
　　　　采空，无地下水补充，树现已
　　　　接近死亡

旱柳古树

树种：旱柳
学名（拉丁名）：*Salix matsudana Koidz.*
科别：杨柳科
属别：柳属
位置：准格尔旗蓝天街道办事处
　　　蓝天路
地理坐标：0520530，4414117
树龄：240 年
树高：16 米
主干高：3.6 米
胸径：136.9 厘米
胸围：430 厘米
平均冠幅直径：20 米
南北：20 米
东西：20 米
立地条件：生长在街道上
海拔：1132 米
生长状况：枝叶繁茂，生长良好

小叶杨古树

树种:小叶杨
学名(拉丁名):*Populus simonii* Carr.
科别:杨柳科
属别:杨属
位置:准格尔旗龙口镇公盖梁村公盖梁庙
地理坐标:0519785,4371716
树龄:150年
树高:7米
主干高:2米
胸径:75厘米
胸围:125厘米
平均冠幅直径:9米
南北:9米
东西:9米
立地条件:黄土高原峁顶
海拔:1205米
生长状况:生长正常,主干有2/5开洞,两主枝已死,现保留3主枝

圆柏古树

树种:圆柏
学名(拉丁名):*Sabina chinensis* (L.)Ant.
科别:柏科
属别:圆柏属
位置:准格尔旗龙口镇公盖梁村龙官塔
地理坐标:0518826,4374816
树龄:800年
树高:18米
主干高:1.5米
胸径:135厘米
胸围:(无法测量)
平均冠幅直径:14米
南北:9米
东西:19米
立地条件:在土层深厚的黄土上生长,条件相对良好
海拔:1267米
生长状况:树势已衰退,有70%树皮全无,枝杈已大部分折断下垂,全树仅存有4枝,其中2枝倒地,仍有结实

圆柏古树

树种：圆柏
学名(拉丁名)：*Sabina chinensis* (L.)Ant.
科别：柏科
属别：圆柏属
位置：准格尔旗龙口镇公盖梁村龙官塔
地理坐标：0518359，4374660
树龄：400年
树高：13米
主干高：5.4米
胸径：57.2厘米
胸围：179厘米
平均冠幅直径：9.5米
南北：8米
东西：11米
立地条件：土层深层，有3米×3米积水池
海拔：1265米
生长状况：生长一般，树梢顶端有枯死枝

旱柳古树

树种：旱柳
学名(拉丁名)：*Salix matsudana* Koidz.
科别：杨柳科
属别：柳属
位置：准格尔旗龙口镇公盖梁村元树崩社
地理坐标：0518583，4372972
树龄：300年
树高：11米
主干高：0.7米
胸径：210厘米
胸围：574.6厘米
平均冠幅直径：12.5米
南北：13米
东西：12米
立地条件：黄土高原梁峁地
海拔：1197米
生长状况：生长衰弱，原树主干上有4大分枝，现只保留两大分枝

旱柳古树

树种:旱柳
学名(拉丁名):*Salix matsudana* Koidz.
科别:杨柳科
属别:柳属
位置:准格尔旗龙口镇公盖梁村周家峁社
地理坐标:0521266,4370409
树龄:200年
树高:22米
主干高:5米
胸径:(无法测量)
胸围:(无法测量)
平均冠幅直径:11米
南北:9米
东西:13米
立地条件:黄土高原梁峁顶
海拔:1179米
生长状况:该树从离地2.2米处倾倒,又从倒地处生出新根,生出两大枝,倒地枝干胸径55厘米,体现出病树前头万木春的景象

柽柳古树

树种:柽柳
学名(拉丁名):*Tamarix chinensis* Lour
科别:柽柳科
属别:柽柳属
位置:准格尔旗龙口镇韩家塔村榆树坡社
地理坐标:0516127,4371675
树龄:100年
树高:5米
主干高:0.5米
胸径:70厘米
胸围:(无法测量)
平均冠幅直径:12米
南北:10米
东西:14米
立地条件:黄土高原峁顶
海拔:1038米
生长状况:生长正常,由两株并生组成

柳叶鼠李古树

树种：柳叶鼠李
学名(拉丁名)：*Rhamnus erythroxylon* Pall.
科别：鼠李科
属别：鼠李属
位置：准格尔旗龙口镇韩家塔村榆
　　　树坡社
地理坐标：0515748,371084
树龄：200年
树高：3.4米
主干高：1米
胸径：60厘米
胸围：(无法测量)
平均冠幅直径：6米
南北：6米
东西：6米
立地条件：黄土高原峁顶
海拔：997.6米
生长状况：生长正常,根裸露在外,
　　　　　有4条主根暴露在地外

榆树古树

树种：榆树
学名(拉丁名)：*Ulmus pumila* L.
科别：榆科
属别：榆属
位置：准格尔旗龙口镇韩家塔村榆
　　　树坡社
地理坐标：0516041,4371597
树龄：205年
树高：5米
主干高：2米
胸径：(无法测量)
胸围：(无法测量)
平均冠幅直径：8.5米
南北：8米
东西：9米
立地条件：黄土高原峁顶
海拔：1021米
生长状况：近衰老,两大主根裸露
　　　　　在外以支撑树干

榆树古树

树种：榆树
学名（拉丁名）：*Ulmus pumila* L.
科别：榆科
属别：榆属
位置：准格尔旗龙口镇韩家塔村榆
　　　树坡社
地理坐标：0516002，4371545
树龄：165 年
树高：20 米
主干高：10 米
胸径：90 厘米
胸围：279.5 厘米
平均冠幅直径：8 米
南北：7 米
东西：9 米
立地条件：黄土高原沟掌
海拔：1020 米
生长状况：已接近衰老，枯枝占 60%

榆树古树

树种：榆树
学名（拉丁名）：*Ulmus pumila* L
科别：榆科
属别：榆属
位置：准格尔旗龙口镇红树梁村
　　　黄榆树苑任占仁家
地理坐标：0524621，4371998
树龄：205 年
树高：11.5 米
主干高：5.5 米
胸径：95 厘米
胸围：277 厘米
平均冠幅直径：8.5 米
南北：7 米
东西：10 米
立地条件：黄土高原沟畔，住户
　　　房屋旁
海拔：1157 米
生长状况：生长较差，枯死枝占
　　　70%，有寄生植物

圆柏古树

树种:圆柏
学名(拉丁名):Sabina chinensis (L.)Ant.
科别:柏科
属别:圆柏属
位置:准格尔旗龙口镇麻地梁村敖
　　　包社庙圪旦
地理坐标:0521039,4375856
树龄:400年
树高:10米
主干高:2.1米
胸径:87.5厘米
胸围:273厘米
平均冠幅直径:14米
南北:13米
东西:15米
立地条件:在土层深厚的黄土上
　　　生长,条件相对良好
海拔:1338米
生长状况:顶部枯死枝占60%,仍
　　　在结实

油松古树

树种:油松
学名(拉丁名):Pinus tabulaeformis Carr.
科别:松科
属别:松属
位置:准格尔旗纳日松镇川掌村
　　　高家坡社
地理坐标:0465226,4367734
树龄:500年
树高:6.5米
主干高:1.8米
胸径:74厘米
胸围:230厘米
平均冠幅直径:13.1米
南北:13.1米
东西:13.1米
立地条件:黄土丘陵峁顶
海拔:1386米
生长状况:生长一般,下层有枯
　　　死枝,树形似迎客松

油松古树

树种：油松
学名（拉丁名）：*Pinus tabulaeformis* Carr.
科别：松科
属别：松属
位置：准格尔旗纳日松镇大西沟村李家圪堵社
地理坐标：0478033，4358905
树龄：500 年
树高：7 米
主干高：3 米
胸径：60 厘米
胸围：188 厘米
平均冠幅直径：12 米
南北：12 米
东西：12 米
立地条件：黄土丘陵梁顶鞍部
海拔：1317 米
生长状况：生长缓慢，果实内的饱满种子稀少

油松古树

树种：油松
学名（拉丁名）：*Pinus tabulaeformis* Carr.
科别：松科
属别：松属
位置：准格尔旗纳日松镇大西沟村李家圪堵社
地理坐标：0477849，4358820
树龄：500 年
树高：9 米
主干高：2.5 米
胸径：78 厘米
胸围：220 厘米
平均冠幅直径：13 米
南北：13 米
东西：12 米
立地条件：黄土丘陵梁顶
海拔：1323 米
生长状况：生长缓慢，果实内的饱满种子稀少

花叶海棠

树种:花叶海棠
学名(拉丁名):*Malus spectabilis* Borkh.
科别:蔷薇科
属别:苹果属
位置:准格尔旗纳日松镇二长渠村石窑庙
地理坐标:0474498,4367800
树龄:85年
树高:3.5米
主干高:2米
胸径:17厘米
胸围:40厘米
平均冠幅直径:1.5米
南北:2米
东西:1.5米
立地条件:土石山地阴坡,石沟里
海拔:1192米
生长状况:生长较差,结果量较小

花叶海棠

树种:花叶海棠
学名(拉丁名):*Malus spectabilis* Borkh.
科别:蔷薇科
属别:苹果属
位置:准格尔旗纳日松镇二长渠村石窑庙
地理坐标:0474498,4367800
树龄:85年
树高:3.5米
主干高:1.7米
胸径:17厘米
胸围:35厘米
平均冠幅直径:2.5米
南北:2米
东西:3米
立地条件:土石山地阴坡,石沟畔
海拔:1192米
生长状况:生长较差,结果量较小

辽东栎古树

树种:辽东栎
学名(拉丁名):*Quercus mongolica* Fisch.
科别:山毛榉科
属别:栎属
位置:准格尔旗纳日松镇二长渠村石窑庙
地理坐标:0474483,4367830
树龄:115 年
树高:10.5 米
主干高:1.7 米
胸径:39 厘米
胸围:120 厘米
平均冠幅直径:6.5 米
南北:6.5 米
东西:6.5 米
立地条件:土石山地阴坡
海拔:1261 米
生长状况:生长良好,主干在 1.5 米高时有鼠李寄生

辽东栎古树

树种:辽东栎
学名(拉丁名):*Quercus mongolica* Fisch.
科别:山毛榉科
属别:栎属
位置:准格尔旗纳日松镇二长渠村石窑庙
地理坐标:0474488,4367866
树龄:115 年
树高:10 米
主干高:1.4 米
胸径:37 厘米
胸围:90 厘米
平均冠幅直径:6 米
南北:6 米
东西:6 米
立地条件:土石山地阴坡
海拔:1256 米
生长状况:生长良好

辽东栎古树

树种：辽东栎
学名（拉丁名）：*Quercus mongolica* Fisch.
科别：山毛榉科
属别：栎属
位置：准格尔旗纳日松镇二长渠
　　　村石窑庙
地理坐标：0474488，4367866
树龄：95 年
树高：8 米
主干高：1.1 米
胸径：33 厘米
胸围：120 厘米
平均冠幅直径：5 米
南北：4 米
东西：6 米
立地条件：土石山地阴坡
海拔：1256 米
生长状况：生长一般

油松古树

树种：油松
学名（拉丁名）：*Pinus tabulaeformis* Carr.
科别：松科
属别：松属
位置：准格尔旗纳日松镇二长渠
　　　村香柏峁社
地理坐标：0477254，4364380
树龄：400 年
树高：5 米
主干高：2.4 米
胸径：50 厘米
胸围：166 厘米
平均冠幅直径：9 米
南北：9 米
东西：8 米
立地条件：黄土丘陵梁顶沟沿畔
海拔：1295 米
生长状况：生长一般，果实内的饱满
　　　种子稀少

杜松古树

树种:杜松
学名(拉丁名):*Juniperus rigida* Sied.
科别:柏科
属别:刺柏属
位置:准格尔旗纳日松镇柳塔村柴敖包塔
地理坐标:0452180,4379470
树龄:300 年
树高:7 米
主干高:1.7 米
胸径:(无法测量)
胸围:220 厘米
平均冠幅直径:9.6 米
南北:9.2 米
东西:10 米
立地条件:黄土丘陵半阴坡
海拔:1362 米
生长状况:生长良好,主干从中间裂开

杜松古树

树种:杜松
学名(拉丁名):*Juniperus rigida* Sied.
科别:柏科
属别:刺柏属
位置:准格尔旗纳日松镇柳塔村柴敖包塔
地理坐标:0452152,4379379
树龄:500 年
树高:6 米
主干高:1.5 米
胸径:110 厘米
胸围:220 厘米
平均冠幅直径:10 米
南北:10.1 米
东西:9.9 米
立地条件:黄土丘陵峁顶
海拔:1348 米
生长状况:生长良好

杜松古树

树种:杜松
学名(拉丁名):*Juniperus rigida* Sied.
科别:柏科
属别:刺柏属
位置:准格尔旗纳日松镇柳塔村
　　　柴敖包塔
地理坐标:0452145,4379469
树龄:300 年
树高:5 米
主干高:1.6 米
胸径:130 厘米
胸围:130 厘米
平均冠幅直径:4.35 米
南北:3.9 米
东西:4.8 米
立地条件:黄土丘陵峁顶
海拔:1358 米
生长状况:生长一般,主干被雷
　　　劈了一半

杜松古树

树种:杜松
学名(拉丁名):*Juniperus rigida* Sied.
科别:柏科
属别:刺柏属
位置:准格尔旗纳日松镇柳塔村
　　　柴敖包塔
地理坐标:0452091,4379500
树龄:300 年
树高:6.5 米
主干高:2.2 米
胸径:(无法测量)
胸围:(无法测量)
平均冠幅直径:8.6 米
南北:9.2 米
东西:8.1 米
立地条件:黄土丘陵半坡
海拔:1353 米
生长状况:生长一般,主干被雷
　　　劈了一半

杜松古树

树种:杜松
学名(拉丁名):*Juniperus rigida* Sied.
科别:柏科
属别:刺柏属
位置:准格尔旗纳日松镇柳塔村魏家塔社郝家梁
地理坐标:0448848,4378147
树龄:500年
树高:7.5米
主干高:1.9米
胸径:(无法测量)
胸围:(无法测量)
平均冠幅直径:8.9米
南北:9.9米
东西:7.9米
立地条件:黄土丘陵半坡
海拔:1325米
生长状况:生长良好,有3个主干并生在一起

文冠果古树

树种:文冠果
学名(拉丁名):*Xanthoceras sorbifolia* Bunge
科别:无患子科
属别:文冠果属
位置:准格尔旗纳日松镇山不拉村郝家梁
地理坐标:0466618,4353408
树龄:100年
树高:6.5米
主干高:3.5米
胸径:110厘米
胸围:110厘米
平均冠幅直径:7米
南北:6.8米
东西:7.1米
立地条件:丘陵沟沿
海拔:1297米
生长状况:生长良好,已封顶

杜松古树

树种：杜松
学名(拉丁名)：*Juniperus rigida* Sied.
科别：柏科
属别：刺柏属
位置：准格尔旗纳日松镇山不拉村郝家梁
地理坐标：0466618，4353408
树龄：460 年
树高：7 米
主干高：2.5 米
胸径：90 厘米
胸围：90 厘米
平均冠幅直径：6.5 米
南北：7 米
东西：6 米
立地条件：黄土丘陵沟沿
海拔：1297 米
生长状况：生长一般，有两株并生

侧柏古树

树种：侧柏
学名(拉丁名)：*Platycladus orientalis* (L.) Franco
科别：柏科
属别：侧柏属
位置：准格尔旗纳日松镇山不拉村袁家梁
地理坐标：0465016，4351421
树龄：350 年
树高：7 米
主干高：3 米
胸径：33.8 厘米
胸围：120 厘米
平均冠幅直径：5 米
南北：6 米
东西：5 米
立地条件：梁头
海拔：1335 米
生长状况：基部分 2 杈，生长良好

油松古树

树种：油松
学名（拉丁名）：*Pinus tabulaeformis* Carr.
科别：松科
属别：松属
位置：准格尔旗纳日松镇山不拉村袁家梁
地理坐标：0465016，4351421
树龄：565 年
树高：25 米
主干高：12 米
胸径：59 厘米
胸围：180 厘米
平均冠幅直径：10 米
南北：10 米
东西：10 米
立地条件：黄土丘陵沟底
海拔：1314 米
生长状况：生长良好

油松古树

树种：油松
学名（拉丁名）：*Pinus tabulaeformis* Carr.
科别：松科
属别：松属
位置：准格尔旗纳日松镇山不拉村郝家梁
地理坐标：0466618，4353418
树龄：400 年
树高：12 米
主干高：2.4 米
胸径：（无法测量）
胸围：130 厘米
平均冠幅直径：（无法测量）
南北：（无法测量）
东西：（无法测量）
立地条件：黄土丘陵峁顶
海拔：1297 米
生长状况：生长良好，有 14 棵相同树龄的油松生长在一起

油松古树

树种：油松
学名（拉丁名）：*Pinus tabulaeformis* Carr.
科别：松科
属别：松属
位置：准格尔旗纳日松镇山不拉村郝家梁
地理坐标：0466141，4353191
树龄：400年
树高：6.5米
主干高：2.4米
胸径：（无法测量）
胸围：190厘米
平均冠幅直径：12.9米
南北：13.2米
东西：12.6米
立地条件：黄土丘陵峁顶
海拔：1320米
生长状况：生长良好

杜松古树

树种：杜松
学名（拉丁名）：*Juniperus rigida* Sied.
科别：柏科
属别：刺柏属
位置：准格尔旗纳日松镇松树塔（在油松王西侧约50米处）
地理坐标：0468991，4365496
树龄：880年
树高：8米
主干高：0.8米
胸径：41.1厘米
胸围：129厘米
平均冠幅直径：11.5米
南北：12米
东西：11米
立地条件：黄土丘陵峁顶
海拔：1408米
生长状况：生长良好

桃叶卫矛古树

树种:桃叶卫矛
学名(拉丁名):*Euonymus bungeanus* Maxim.
科别:卫矛科
属别:卫矛属
位置:准格尔旗纳日松镇松树塔村不拉峁社纳林圪堵
地理坐标:0469170,4358245
树龄:155 年
树高:5 米
主干高:2 米
胸径:57 厘米
胸围:179 厘米
平均冠幅直径:9 米
南北:8 米
东西:10 米
立地条件:丘陵顶部
海拔:1305 米
生长状况:生长良好,结果量一般,生长量 20 厘米

桃叶卫矛古树

树种:桃叶卫矛
学名(拉丁名):*Euonymus bungeanus* Maxim.
科别:卫矛科
属别:卫矛属
位置:准格尔旗纳日松镇松树塔村不拉峁社纳林圪堵
地理坐标:0469196,4358198
树龄:155 年
树高:4 米
主干高:1.9 米
胸径:43 厘米
胸围:135 厘米
平均冠幅直径:9 米
南北:9 米
东西:9 米
立地条件:丘陵顶部
海拔:1305 米
生长状况:生长良好,结果量一般,生长量 20 厘米

油松古树

树种：油松
学名（拉丁名）：*Pinus tabulaeformis* Carr.
科别：松科
属别：松属
位置：准格尔旗纳日松镇松树塔村奎洞沟社张家梁（二常渠村火树梁社）
地理坐标：0474960，4365014
树龄：500 年
树高：8 米
主干高：1.5 米
胸径：70 厘米
胸围：（无法测量）
平均冠幅直径：14.5 米
南北：17 米
东西：12 米
立地条件：黄土丘陵峁顶
海拔：1324 米
生长状况：生长健康，有少量枯枝

油松古树

树种：油松
学名（拉丁名）：*Pinus tabulaeformis* Carr.
科别：松科
属别：松属
位置：准格尔旗纳日松镇松树塔村奎洞沟社赵家坡
地理坐标：0473138，4366427
树龄：500 年
树高：7 米
主干高：2.4 米
胸径：80 厘米
胸围：　厘米
平均冠幅直径：16 米
南北：16 米
东西：15.5 米
立地条件：黄土丘陵峁顶
海拔：1350 米
生长状况：生长健康，有少量枯枝

油松古树

树种：油松
学名（拉丁名）：*Pinus tabulaeformis* Carr.
科别：松科
属别：松属
位置：准格尔旗纳日松镇松树塔村奎洞沟社赵家坡
地理坐标：0473049,4365971
树龄：500年
树高：8米
主干高：2.7米
胸径：80厘米
胸围：（无法测量）
平均冠幅直径：16.5米
南北：17米
东西：16米
立地条件：黄土丘陵峁顶
海拔：1313米
生长状况：生长健康，有少量枯枝

油松古树（油松王）

树种：油松
学名（拉丁名）：*Pinus tabulaeformis* Carr.
科别：松科
属别：松属
位置：准格尔旗纳日松镇松树塔村松树塔
地理坐标：0469027,4365465
树龄：945年
树高：26.5米
主干高：2.52米
胸径：133.1厘米
胸围：418厘米
平均冠幅直径：17米
南北：16米
东西：18米
立地条件：黄土丘陵峁顶
海拔：1410米
生长状况：生长良好，枝叶茂盛，果实丰满

小叶杨古树

树种：小叶杨
学名(拉丁名)：*Populus simonii* Carr.
科别：杨柳科
属别：杨属
位置：准格尔旗纳日松镇羊市塔村刘家梁社
地理坐标：0463374,4351601
树龄：140年
树高：7米
主干高：2.9米
胸径：90厘米
胸围：250厘米
平均冠幅直径：10米
南北：10米
东西：11米
立地条件：黄土丘陵梁顶
海拔：1198米
生长状况：生长衰弱，大部分枝已枯死

杜松古树

树种：杜松
学名(拉丁名)：*Juniperus rigida* Sied.
科别：柏科
属别：刺柏属
位置：准格尔旗暖水乡德胜有梁村狮子坡海子湾
地理坐标：0465027,4393466
树龄：900年
树高：4.2米
主干高：0.3米
胸径：50～70厘米
胸围：79厘米
平均冠幅直径：7.5米
南北：6.7米
东西：8.3米
立地条件：黄土丘陵区梁峁顶
海拔：1302米
生长状况：枝叶茂盛，生长量小，无病虫害，长势中等，离地30厘米处分为两大枝

杏树古树

树种：杏
学名（拉丁名）：*Prunus armeniaca* L.
科别：蔷薇科
属别：梅属
位置：准格尔旗沙圪堵镇安定壕村屈家圪旦赵青云家
地理坐标：0491488，4394233
树龄：135 年
树高：9 米
主干高：1.3 米
胸径：65 厘米
胸围：188 厘米
平均冠幅直径：6.5 米
南北：7.6 米
东西：5.5 米
立地条件：黄土丘陵硬梁半坡
海拔：1131 米
生长状况：生长一般，树冠大部分枯死，仅存 30% 的活枝

杜松古树

树种：杜松
学名（拉丁名）：*Juniperus rigida* Sied.
科别：柏科
属别：刺柏属
位置：准格尔旗沙圪堵镇神山村苏家圪旦柏树圪旦
地理坐标：0471301，4387611
树龄：500 年
树高：5 米
主干高：1.5 米
胸径：50 厘米
胸围：96 厘米
平均冠幅直径：7 米
南北：7 米
东西：8 米
立地条件：黄土丘峁顶
海拔：1338 米
生长状况：生长一般

杜松古树

树种:杜松
学名(拉丁名):*Juniperus rigida* Sied
科别:柏科
属别:刺柏属
位置:准格尔旗沙圪堵镇石窑沟村
　　　马家坡
地理坐标:0482386,4377624
树龄:400年
树高:3米
主干高:1.1米
胸径:40厘米
胸围:(无法测量)
平均冠幅直径:5.4米
南北:6.5米
东西:4.3米
立地条件:黄土丘陵峁顶
海拔:1245米
生长状况:生长良好,无枯死枝

杜松古树

树种:杜松
学名(拉丁名):*Juniperus rigida* Sied
科别:柏科
属别:刺柏属
位置:准格尔旗沙圪堵镇石窑沟
　　　村马家坡
地理坐标:0482386,4377624
树龄:400年
树高:5米
主干高:1.6米
胸径:30厘米
胸围:(无法测量)
平均冠幅直径:6米
南北:7米
东西:5米
立地条件:黄土丘陵峁顶
海拔:1245米
生长状况:生长良好,无枯死枝

榆树古树

树种：榆树
学名（拉丁名）：*Ulmus pumila* L.
科别：榆科
属别：榆属
位置：准格尔旗沙圪堵镇石窑沟村
　　　苏家湾社
地理坐标：0481335，4380233
树龄：300 年
树高：20 米
主干高：1 米
胸径：114 厘米
胸围：358 厘米
平均冠幅直径：19 米
南北：18 米
东西：20 米
立地条件：黄土丘陵沟塔地
海拔：1089 米
生长状况：生长良好，有两大主枝

大果榆古树

树种：大果榆
学名（拉丁名）：*Ulmus macrocarpa* Hance
科别：榆科
属别：榆属
位置：准格尔旗沙圪堵镇速机沟村
　　　黄榆树塌
地理坐标：0495038，4419543
树龄：125 年
树高：7.3 米
主干高：11 米
胸径：60 厘米
胸围：144.4 厘米
平均冠幅直径：4.9 米
南北：4.7 米
东西：5 米
立地条件：黄土丘陵梁峁顶
海拔：1090 米
生长状况：生长衰弱，枯枝占 40%，
　　　　　原有 3 杈，现仅存活两杈

杜松古树

树种：杜松

学名（拉丁名）：*Juniperus rigida* Sieb.

科别：柏科

属别：刺柏属

位置：准格尔旗沙圪堵镇乌素沟村徐家梁社

地理坐标：0467291，4380940

树龄：300 年

树高：4.5 米

主干高：0.6 米

胸径：55 厘米

胸围：190 厘米

平均冠幅直径：6 米

南北：6.2 米

东西：5.9 米

立地条件：黄土丘陵峁顶

海拔：1358 米

生长状况：生长一般

杜松古树

树种：杜松

学名（拉丁名）：*Juniperus rigida* Sieb.

科别：柏科

属别：刺柏属

位置：准格尔旗沙圪堵镇乌素沟村徐家梁社

地理坐标：0467291，4380940

树龄：300 年

树高：5.5 米

主干高：1.1 米

胸径：54 厘米

胸围：160 厘米

平均冠幅直径：7.2 米

南北：7.3 米

东西：7.1 米

立地条件：黄土丘陵峁顶

海拔：1358 米

生长状况：生长健壮

油松古树

树种：油松
学名（拉丁名）：*Pinus tabulaeformis* Carr.
科别：松科
属别：松属
位置：准格尔旗沙圪堵镇张家圪堵村羊场湾
地理坐标：0470511,4377589
树龄：800年
树高：8米
主干高：2.2米
胸径：59.6厘米
胸围：187.1厘米
平均冠幅直径：17.1米
南北：17.8米
东西：16.4米
立地条件：黄土丘陵区顶部
海拔：1338米
生长状况：生长良好，树形似迎客松

榆树古树

树种：榆树
学名（拉丁名）：*Ulmus pumila* L.
科别：榆科
属别：榆属
位置：准格尔旗十二连城乡黑圪佬湾村西吥挠社
地理坐标：0512237,4449377
树龄：100年
树高：14米
主干高：2.6米
胸径：90厘米
胸围：280厘米
平均冠幅直径：20米
南北：23米
东西：16米
立地条件：固定沙地
海拔：1048米
生长状况：生长良好

核桃古树

树种:核桃

学名(拉丁名):*Juglans regia* L.

科别:胡桃科

属别:胡桃属

位置:准格尔旗乌兰不浪林场大乌兰不浪作业区

地理坐标:0501939,4441602

树龄:50年

树高:10米

主干高:10米

胸径:35厘米

胸围:99厘米

平均冠幅直径:3.5米

南北:3米

东西:4米

立地条件:固定沙地

海拔:1125米

生长状况:生长差

小叶杨古树

树种:小叶杨

学名(拉丁名):*Populus simonii* Carr.

科别:杨柳科

属别:杨属

位置:准格尔旗兴隆街道办事处王青塔村王青塔社

地理坐标:0513800,4418213

树龄:110年

树高:18米

主干高:4.5米

胸径:160厘米

胸围:66厘米

平均冠幅直径:27.5米

南北:24米

东西:31米

立地条件:川沟畔

海拔:1210米

生长状况:生长基本正常,有1/3的枯死枝

榆树古树

树种：榆树
学名（拉丁名）：*Ulmus pumila* L.
科别：榆科
属别：榆属
位置：准格尔旗兴隆街道办事处王青塔村王青塔社
地理坐标：0514294，4417305
树龄：110 年
树高：10.5 米
主干高：1.5 米
胸径：110 厘米
胸围：87 厘米
平均冠幅直径：15 米
南北：14 米
东西：16 米
立地条件：川沟畔
海拔：1180 米
生长状况：树势开始衰退，枯死枝占 1/3

旱柳古树

树种：旱柳
学名（拉丁名）：*Salix matsudana* Koidz.
科别：杨柳科
属别：柳属
位置：准格尔旗兴隆街道办事处周家湾
地理坐标：0517392，4415945
树龄：96 年
树高：17 米
主干高：0.9 米
胸径：280 厘米
胸围：1020 厘米
平均冠幅直径：27 米
南北：28 米
东西：26 米
立地条件：生长在川畔
海拔：1148 米
生长状况：生长正常，顶部开始化梢

榆树古树

树种：榆树
学名（拉丁名）：*Ulmus pumila* L.
科别：榆科
属别：榆属
位置：准格尔旗薛家湾镇长滩村刘家塔社鲁家沙坡乔林家
地理坐标：0514118,4385699
树龄：260 年
树高：13.2 米
主干高：2.4 米
胸径：104 厘米
胸围：336 厘米
平均冠幅直径：16.75 米
南北：16.7 米
东西：16.8 米
立地条件：上覆黄土，下有红泥，沟畔
海拔：1053 米
生长状况：生长良好，下层枝开始枯死

杜松古树

树种：杜松
学名（拉丁名）：*Juniperus rigida* Sieb.
科别：柏科
属别：刺柏属
位置：准格尔旗准格尔召镇黄天棉图村
地理坐标：0428536,4398181
树龄：455 年
树高：6.7 米
主干高：2.1 米
胸径：60 厘米
胸围：188 厘米
平均冠幅直径：9 米
南北：9.4 米
东西：8.6 米
立地条件：土石山区，砒砂岩基质上坡部位
海拔：1466 米
生长状况：生长一般

文冠果古树

树种:文冠果
学名(拉丁名):*Xanthoceras sorbifolia* Bunge
科别:无患子科
属别:文冠果属
位置:准格尔旗准格尔召镇西召村西召社佛爷商东
地理坐标:0426089,4385364
树龄:400 年
树高:7.5 米
主干高:1.8 米
胸径:88 厘米
胸围:150 厘米
平均冠幅直径:6.3 米
南北:5.8 米
东西:6.7 米
立地条件:固定沙地
海拔:1316 米
生长状况:生长一般

文冠果古树

树种:文冠果
学名(拉丁名):*Xanthoceras sorbifolia* Bunge
科别:无患子科
属别:文冠果属
位置:准格尔旗准格尔召镇西召村西召社佛爷商东(两株同坛)
地理坐标:0426089,4385364
树龄:100 年
树高:7 米
主干高:1.8 米
胸径:(无法测量)
胸围:70 厘米
平均冠幅直径:13 米
南北:11 米
东西:14 米
立地条件:固定沙地
海拔:1316 米
生长状况:生长一般

文冠果古树

树种：文冠果
学名(拉丁名)：*Xanthoceras sorbifolia* Bunge
科别：无患子科
属别：文冠果属
位置：准格尔旗准格尔召镇西召村
　　　西召社观音殿
地理坐标：0426053,4385183
树龄：400 年
树高：8 米
主干高：1.9 米
胸径：(无法测量)
胸围：190 厘米
平均冠幅直径：11 米
南北：11.7 米
东西：10 米
立地条件：固定沙地
海拔：1322 米
生长状况：生长一般

文冠果古树

树种：文冠果
学名(拉丁名)：*Xanthoceras sorbifolia* Bunge
科别：无患子科
属别：文冠果属
位置：准格尔旗准格尔召镇西召
　　　村西召社三世佛殿后
地理坐标：0426153,4385239
树龄：200 年
树高：7 米
主干高：3 米
胸径：(无法测量)
胸围：90 厘米
平均冠幅直径：5.1 米
南北：4.2 米
东西：6 米
立地条件：固定沙地
海拔：1316 米
生长状况：生长一般

文冠果古树

树种：文冠果
学名(拉丁名)：Xanthoceras sorbifolia Bunge
科别：无患子科
属别：文冠果属
位置：准格尔旗准格尔召镇西召村
　　　西召社舍利庙前
地理坐标：0426060,4385145
树龄：350 年
树高：7.5 米
主干高：3.1 米
胸径：60.4 厘米
胸围：150 厘米
平均冠幅直径：8.3 米
南北：7.8 米
东西：8.8 米
立地条件：固定沙地
海拔：1327 米
生长状况：生长一般

(四)伊金霍洛旗古树名木

文冠果古树

学名：文冠果
当地土名：木瓜
拉丁名：Xanthoceras sorbifolia Bunge
科属：无患子科
属别：文冠果属
地点：伊金霍洛旗苏布尔嘎镇
小地名：苏布尔嘎嘎查
海拔：1354 米
坡向：无　坡位：无　坡度：无
树高：9 米
胸径：70 厘米
枝下高：1 米
平均冠幅直径：15 米
树龄：120 年
异常情况：干旱
结实情况：少

桃叶卫矛古树

学名：桃叶卫矛
当地土名：丝棉木、明开夜合
拉丁名：*Euonymus maackii* Rupr.
科别：卫矛科
属别：卫矛属
地点：伊金霍洛旗红庆河镇呼家濠
　　　村三社
小地名：呼家濠村三社
海拔：1385 米
坡向：东　坡位：中　坡度：缓坡
树高：8 米
胸径：75 厘米
枝下高：2 米
平均冠幅直径：10 米
树龄：120 年
异常情况：树裂
结实情况：未见

文冠果古树

学名：文冠果
当地土名：木瓜
科别：无患子科
属别：文冠果属
拉丁名：*Xanthoceras sorbifolia* Bunge
地点：伊金霍洛旗苏布尔嘎镇苏
　　　布尔嘎嘎查
海拔：1354 米
坡向：无　坡位：平　坡度：无
树高：9 米
胸径：70 厘米
枝下高：1 米
平均冠幅直径：15 米
树龄：120 年
异常情况：干旱
结实情况：少

榆树古树

学名：榆树
当地土名：榆树
拉丁名：*Ulmus pumila* L.
科别：榆科
属别：榆属
地点：伊金霍洛旗苏布尔嘎镇苏布
　　　尔嘎嘎查
小地名：大队院内
海拔：1354 米
坡向：无　坡位：平　坡度：无
树高：9 米
胸径：80 厘米
枝下高：3 米
平均冠幅直径：7 米
树龄：120 年
异常情况：干旱
结实情况：无

旱柳古树

学名：旱柳
当地土名：旱柳
科别：杨柳科
属别：柳属
拉丁名：*Salix matsudana* Koidz.
地点：伊金霍洛旗新街道劳窑子
　　　四社
小地名：榆树湾
海拔：1293 米
坡向：无　坡位：无　坡度：无
树高：16 米
胸径：160 厘米
枝下高：1.5 米
平均冠幅直径：10 米
树龄：100 年
异常情况：无
结实情况：未见

文冠果古树

学名：文冠果
当地土名：木瓜
拉丁名：*Xanthoceras sorbifolia* Bunge
科别：无患子科
属别：文冠果属
地点：伊金霍洛旗霍洛镇石灰庙
　　　村二社
小地名：庙房后
海拔：1319 米
坡向：无　坡位：无　坡度：无
树高：7 米
胸径：50 厘米
枝下高：1 米
平均冠幅直径：5 米
树龄：200 年
异常情况：缺水严重、无管护
结实情况：多

文冠果古树

学名：文冠果
当地土名：木瓜
科别：无患子科
属别：文冠果属
拉丁名：*Xanthoceras sorbifolia* Bunge
地点：伊金霍洛旗新庙蒙汉社
小地名：新庙蒙汉社
海拔：1325 米
坡向：无　坡位：无　坡度：无
树高：13 米
胸径：80 厘米
枝下高：2 米
平均冠幅直径：9 米
树龄：350 年
异常情况：缺水
结实情况：多

榆树古树

学名:榆树
当地土名:榆树
科别:榆科
属别:榆属
拉丁名:*Ulmus pumila* L.
地点:伊金霍洛旗石灰庙二社
小地名:石灰庙
海拔:1316 米
坡向:无　坡位:平　坡度:无
树高:12 米
胸径:75 厘米
枝下高:2 米
平均冠幅直径:7.6 米
树龄:100 年
异常情况:缺水
结实情况:大量

文冠果古树

学名:文冠果
当地土名:木瓜
拉丁名:*Xanthoceras sorbifolia* Bunge
科别:无患子科
属别:文冠果属
地点:伊金霍洛旗新庙蒙汉社
小地名:新庙蒙汉社
海拔:1325 米
坡向:无　坡位:无　坡度:无
树高:8 米
胸径:90 厘米
枝下高:2 米
平均冠幅直径:5 米
树龄:300 年
异常情况:无
结实情况:未见

(五)杭锦旗古树

旱柳古树

学名:旱柳
拉丁名:*Salix matsudana*
科别:杨柳科
属别:柳属
地点:杭锦旗改更召苏木
海拔:1020 米
坡向:无
树高:10 米
胸径:80 厘米
枝下高:2 米
平均冠幅直径:7 米
树龄:110 米
异常情况:无
结实情况:未见

(六)鄂托克旗古树

小叶杨古树

学名:小叶杨
当地土名:水桐
拉丁名:*Populus simonii* carr.
科别:杨柳科
属别:杨属
地点:鄂托克旗乌兰镇沙日布日
　　　都村
小地名:巴音希利
权属:个体
海拔:1414 米
坡向:无　坡位:无　坡度:无
树高:13 米
胸径:80 厘米
枝下高:4 米
平均冠幅直径:10 米
树龄:100 多年
异常情况:有病虫害
结实情况:好

榆树古树

学名：榆树
当地土名：榆树
拉丁名：*Ulmus pumila* L.
科别：榆科
属别：榆属
地点：鄂托克旗乌兰镇乡沙日布
　　　日都村
小地名：巴音希利
权属：个体
海拔：1414 米
坡向：无　坡位：无　坡度：无
树高：13 米
胸径：50 厘米
枝下高：3.5 米
平均冠幅直径：5 米
树龄：100 多年
异常情况：有病虫害
结实情况：好

文冠果古树

学名：文冠果
当地土名：木瓜
拉丁名：*Xanthoceras sorbifolia* Bunge
科别：无患子科
属别：文冠果属
地点：鄂托克旗乌兰镇乡沙日布
　　　日都村
小地名：巴音希利
权属：个体
海拔：1398 米
坡向：无　坡位：无　坡度：无
树高：8.5 米
胸径：59 厘米
枝下高：2.8 米
平均冠幅直径：9 米
树龄：130 多年
异常情况：无病虫害
结实情况：弱

柳叶鼠李古树

学名:柳叶鼠李
当地土名:黑格兰
拉丁名:*Rhamnus erythroxylon* Pall.
科别:鼠李科
属别:鼠李属
地点:鄂托克旗木凯淖尔乡伊克乌
　　　素村
小地名:六社
权属:个体
海拔:1450米
坡向:无　坡位:无　坡度:无
树高:2.2米
胸径:95厘米
枝下高:0.7米
平均冠幅直径:6米
树龄:1000多年
异常情况:无
结实情况:好

柳叶鼠李古树

学名:柳叶鼠李
当地土名:黑格兰
拉丁名:*Rhamnus erythroxylon* Pall.
科别:鼠李科
属别:鼠李属
地点:鄂托克旗木凯淖尔乡伊克
　　　乌素村
小地名:六社
权属:个体
海拔:1450米
坡向:无　坡位:平　坡度:无
树高:3米
胸径:150厘米
枝下高:0.6米
平均冠幅直径:7米
树龄:1000多年
异常情况:无
结实情况:好

文冠果古树

学名：文冠果

当地土名：木瓜

拉丁名：*Xanthoceras sorbifolia* Bunge

科别：无患子科

属别：文冠果属

地点：鄂托克旗木凯淖尔乡扎达盖村

小地名：三社

权属：集体

海拔：1388 米

坡向：无　坡位：无　坡度：无

树高：10 米

胸径：66 厘米

枝下高：3.05 米

平均冠幅直径：11 米

树龄：120 多年

异常情况：无

结实情况：好

榆树古树

学名：榆树

当地土名：榆树

拉丁名：*Ulmus pumila* L.

科别：榆科

属别：榆属

地点：鄂托克旗木凯淖尔乡扎达盖村

小地名：三社

权属：集体

海拔：1388 米

坡向：无　坡位：无　坡度：无

树高：15 米

胸径：103 厘米

枝下高：0.9 米

平均冠幅直径：18 米

树龄：100 多年

异常情况：有病虫害

结实情况：好

榆树古树

学名：榆树
当地土名：榆树
拉丁名：*Ulmus pumila* L.
科别：榆科
属别：榆属
地点：鄂托克旗木凯淖尔乡扎达
　　　盖村
小地名：三社
权属：集体
海拔：1388 米
坡向：无　坡位：无　坡度：无
树高：15 米
胸径：75 厘米
枝下高：0.8 米
平均冠幅直径：13 米
树龄：100 多年
异常情况：有病虫害
结实情况：好

文冠果古树

学名：文冠果
当地土名：文冠树
拉丁名：*Xanthoceras sorbifolia* Bunge
科别：无患子科
属别：文冠果属
地点：鄂托克旗木凯淖尔乡扎达
　　　盖村
小地名：三社
权属：集体
海拔：1388 米
坡向：无　坡位：无　坡度：无
树高：6 米
胸径：41 厘米
枝下高：2.1 米
平均冠幅直径：7 米
树龄：120 多年
异常情况：无病虫害
结实情况：好

榆树古树

学名:榆树
当地土名:榆树
拉丁名:*Ulmus pumila* L.
科别:榆科
属别:榆属
地点:鄂托克旗木凯淖尔乡木凯
　　　淖尔村
小地名:六社
权属:集体
海拔:1382 米
坡向:无　坡位:无　坡度:无
树高:12 米
胸径:78 厘米
枝下高:1.5 米
平均冠幅直径:16 米
树龄:70 多年
异常情况:有病虫害
结实情况:好

榆树古树

学名:榆树
当地土名:榆树
拉丁名:*Ulmus pumila* L.
科别:榆科
属别:榆属
地点:鄂托克旗木凯淖尔乡乌兰
　　　吉林村
小地名:二社
权属:集体
海拔:1356 米
坡向:无　坡位:无　坡度:无
树高:20 米
胸径:46 厘米
枝下高:3.5 米
平均冠幅直径:16 米
树龄:160 多年
异常情况:无
结实情况:好

榆树古树

学名:榆树
当地土名:榆树
拉丁名:*Ulmus pumila* L.
科别:榆科
属别:榆属
地点:鄂托克旗木凯淖尔乡乌兰吉林村
小地名:二社
权属:集体
海拔:1361米
坡向:无　坡位:无　坡度:无
树高:19米
胸径:41厘米
枝下高:3.3米
平均冠幅直径:9米
树龄:200多年
异常情况:有病虫害
结实情况:好

文冠果古树

学名:文冠果
当地土名:文冠树
拉丁名:*Xanthoceras sorbifolia* Bunge
科别:无患子科
属别:文冠果属
地点:鄂托克旗阿尔巴斯乡
小地名:阿尔巴斯
权属:集体
海拔:1234米
坡向:无　坡位:无　坡度:无
树高:6米
胸径:41厘米
枝下高:1.5米
平均冠幅直径:7米
树龄:130多年
异常情况:有病虫害,且干旱
结实情况:差

榆树古树

学名:榆树
当地土名:榆树
拉丁名:*Ulmus pumila* L.
科别:榆科
属别:榆属
地点:鄂托克旗阿尔巴斯乡陶利村
小地名:阿门乌苏
权属:个体
海拔:1249 米
坡向:无　坡位:无　坡度:无
树高:15 米
胸径:97 厘米
枝下高:3.4 米
平均冠幅直径:16 米
树龄:150 多年
异常情况:无
结实情况:好

榆树古树

学名:榆树
当地土名:榆树
拉丁名:*Ulmus pumila* L.
科别:榆科
属别:榆属
地点:鄂托克旗阿尔巴斯乡哈图村
小地名:乌兰乌素
权属:个体
海拔:1338 米
坡向:无　坡位:无　坡度:无
树高:7 米
胸径:117 厘米
枝下高:2 米
平均冠幅直径:15 米
树龄:170 多年
异常情况:有病虫害
结实情况:好

榆树古树

学名:榆树

当地土名:榆树

拉丁名:*Ulmus pumila* L.

科别:榆科

属别:榆属

地点:鄂托克旗阿尔巴斯乡阿如布拉格村

小地名:巴音陶老盖

权属:个体

海拔:1291米

坡向:无　坡位:无　坡度:无

树高:5.8米

胸径:32厘米

枝下高:3米

平均冠幅直径:5米

树龄:300多年

异常情况:有病虫害

结实情况:好

榆树古树

学名:榆树

当地土名:榆树

拉丁名:*Ulmus pumila* L.

科别:榆科

属别:榆属

地点:鄂托克旗阿尔巴斯乡阿如布拉格村

小地名:巴音布拉格

权属:个体

海拔:1280米

坡向:无　坡位:无　坡度:无

树高:5米

胸径:56厘米

枝下高:2.82米

平均冠幅直径:11.1米

树龄:100多年

异常情况:无

结实情况:好

榆树古树

学名:榆树
当地土名:榆树
拉丁名:*Ulmus pumila* L.
科别:榆科
属别:榆属
地点:鄂托克旗阿尔巴斯乡阿如布拉格村
小地名:巴音布拉格
权属:个体
海拔:1260 米
坡向:无　坡位:无　坡度:无
树高:5.8 米
胸径:61 厘米
枝下高:2 米
平均冠幅直径:13 米
树龄:100 多年
异常情况:无
结实情况:好

榆树古树

学名:榆树
当地土名:榆树
拉丁名:*Ulmus pumila* L.
科别:榆科
属别:榆属
地点:鄂托克旗阿尔巴斯乡阿如布拉格村
小地名:巴音布拉格
权属:个体
海拔:1276 米
坡向:无　坡位:无　坡度:无
树高:5 米
胸径:47 厘米
枝下高:1.51 米
平均冠幅直径:11.1 米
树龄:100 多年
异常情况:无
结实情况:好

文冠果古树

学名：文冠果
当地土名：木瓜
拉丁名：*Xanthoceras sorbifolia* Bunge
科别：无患子科
属别：文冠果属
地点：鄂托克旗阿尔巴斯乡巴音陶老盖村
小地名：哈希拉格
权属：集体
海拔：1238 米
坡向：无　坡位：无　坡度：无
树高：10 米
胸径：60 厘米
枝下高：2.95 米
平均冠幅直径：12 米
树龄：150 多年
异常情况：有病虫害
结实情况：差

榆树古树

学名：榆树
当地土名：榆树
拉丁名：*Ulmus pumila* L.
科别：榆科
属别：榆属
地点：鄂托克旗阿尔巴斯乡布隆村
小地名：布隆村
权属：个体
海拔：1187 米
坡向：无　坡位：无　坡度：无
树高：13 米
胸径：110 厘米
枝下高：2 米
平均冠幅直径：21 米
树龄：200 多年
异常情况：有病虫害
结实情况：好

第三章　古树名木的保护情况　157

文冠果古树

学名：文冠果
当地土名：木瓜
拉丁名：*Xanthoceras sorbifolia* Bunge
科别：无患子科
属别：文冠果属
地点：鄂托克旗苏米图乡苏里格村
小地名：苏里格村
权属：集体
海拔：1324 米
坡向：无　坡位：无　坡度：无
树高：7.5 米
胸径：43 厘米
枝下高：3.2 米
平均冠幅直径：9 米
树龄：100 多年
异常情况：无
结实情况：好

小叶杨古树

学名：小叶杨
当地土名：水桐
拉丁名：*Populus simonii* carr.
科别：杨柳科
属别：杨属
地点：鄂托克旗苏米图乡查汗敖包村
小地名：敖包
权属：个体
海拔：1436 米
坡向：无　坡位：无　坡度：无
树高：7.8 米
胸径：85 厘米
枝下高：4 米
平均冠幅直径：13 米
树龄：100 多年
异常情况：无
结实情况：好

旱柳古树

学名:旱柳
当地土名:高干
拉丁名:*Salix matsudana* Koidz.
科别:杨柳科
属别:柳属
地点:鄂托克旗苏米图乡巴音布拉格村
小地名:巴嘎希里
权属:个体
海拔:1346 米
坡向:无　坡位:无　坡度:无
树高:7.6 米
胸径:110 厘米
枝下高:3.53 米
平均冠幅直径:7.2 米
树龄:100 多年
异常情况:无
结实情况:好

榆树古树

学名:榆树
当地土名:榆树
拉丁名:*Ulmus pumila* L.
科别:榆科
属别:榆属
地点:鄂托克旗苏米图乡额尔和图村
小地名:朱日和
权属:集体
海拔:1347 米
坡向:无　坡位:无　坡度:无
树高:12 米
胸径:64 厘米
枝下高:5 米
平均冠幅直径:11 米
树龄:200 多年
异常情况:无
结实情况:好

榆树古树

学名:榆树
当地土名:榆树
拉丁名:*Ulmus pumila* L.
科别:榆科
属别:榆属
地点:鄂托克旗苏米图乡额尔和图村
小地名:朱日和
权属:集体
海拔:1367 米
坡向:无　坡位:无　坡度:无
树高:4.8 米
胸径:41 厘米
枝下高:2.2 米
平均冠幅直径:9 米
树龄:100 多年
异常情况:无
结实情况:好

榆树古树

学名:榆树
当地土名:榆树
拉丁名:*Ulmus pumila* L.
科别:榆科
属别:榆属
地点:鄂托克旗苏米图乡查汗敖包村
小地名:特苦木
权属:个体
海拔:1380 米
坡向:无　坡位:无　坡度:无
树高:10.5 米
胸径:52 厘米
枝下高:3.5 米
平均冠幅直径:14 米
树龄:100 多年
异常情况:无
结实情况:好

榆树古树

学名:榆树
当地土名:榆树
拉丁名:*Ulmus pumila* L.
科别:榆科
属别:榆属
地点:鄂托克旗苏米图乡查汗敖包村
小地名:特苦木
权属:个体
海拔:1423米
坡向:无　坡位:无　坡度:无
树高:18米
胸径:40厘米
枝下高:4.8米
平均冠幅直径:10米
树龄:100多年
异常情况:无
结实情况:好

杏树古树

学名:杏树
当地土名:家杏
拉丁名:*Prunus armeniaca* L.
科别:蔷薇科
属别:李属
地点:鄂托克旗苏米图乡查汗敖包村
小地名:敖包
权属:集体
海拔:1444米
坡向:无　坡位:无　坡度:无
树高:9米
胸径:82厘米
枝下高:3.2米
平均冠幅直径:16米
树龄:90多年
异常情况:无
结实情况:好

榆树古树

学名：榆树
当地土名：榆树
拉丁名：*Ulmus pumila* L.
科别：榆科
属别：榆属
地点：鄂托克旗苏米图乡马什亥村
小地名：查汗陶老亥
权属：集体
海拔：1457 米
坡向：无　坡位：无　坡度：无
树高：7.8 米
胸径：34 厘米
枝下高：2.8 米
平均冠幅直径：15 米
树龄：100 多年
异常情况：无
结实情况：好

柳叶鼠李古树

学名：柳叶鼠李
当地土名：黑格兰
拉丁名：*Rhamnus erythroxylon* Pall.
科别：鼠李科
属别：鼠李属
地点：鄂托克旗苏米图乡马什亥村
小地名：查汗陶老亥
权属：集体
海拔：1457 米
坡向：无　坡位：无　坡度：无
树高：2.3 米
胸径：33 厘米
枝下高：1.1 米
平均冠幅直径：2.38 米
树龄：100 年
异常情况：无
结实情况：好

柳叶鼠李古树

学名：柳叶鼠李
当地土名：黑格兰
拉丁名：*Rhamnus erythroxylon* Pall.
科别：鼠李科
属别：鼠李属
地点：鄂托克旗苏米图乡苏里格村
小地名：敖根
权属：个体
海拔：1403 米
坡向：无　坡位：无　坡度：无
树高：2.2 米
胸径：22 厘米
枝下高：1.1 米
平均冠幅直径：6 米
树龄：1000 多年
异常情况：无
结实情况：好

柳叶鼠李古树

学名：柳叶鼠李
当地土名：黑格兰
拉丁名：*Rhamnus erythroxylon* Pall.
科别：鼠李科
属别：鼠李属
地点：鄂托克旗苏米图乡巴嘎额
　　　尔和图村
小地名：布拉格
权属：个体
海拔：1418 米
坡向：无　坡位：无　坡度：无
树高：3.5 米
胸径：40 厘米
枝下高：0.9 米
平均冠幅直径：6 米
树龄：400 多年
异常情况：无
结实情况：好

榆树古树

学名:榆树

当地土名:榆树

拉丁名:*Ulmus pumila* L.

科别:榆科

属别:榆属

地点:鄂托克旗蒙西乡布日嘎斯太村

小地名:布日嘎斯太村

权属:个体

海拔:1271 米

坡向:无　坡位:无　坡度:无

树高:6 米

胸径:99 厘米

枝下高:4 米

平均冠幅直径:11 米

树龄:130 多年

异常情况:无

结实情况:好

榆树古树

学名:榆树

当地土名:榆树

拉丁名:*Ulmus pumila* L.

科别:榆科

属别:榆属

地点:鄂托克旗蒙西乡

小地名:蒙西

权属:集体

海拔:1460 米

坡向:无　坡位:无　坡度:无

树高:6 米

胸径:48 厘米

枝下高:2.95 米

平均冠幅直径:6.5 米

树龄:100 多年

异常情况:无

结实情况:好

酸枣古树

学名:酸枣树
当地土名:棘
拉丁名:*Zizyphus jujuba* Mill var.
科别:鼠李科
属别:枣属
地点:鄂托克旗蒙西乡伊克布拉格村
小地名:乌兰陶老盖
权属:个体
海拔:1212米
坡向:无　坡位:无　坡度:无
树高:5米
胸径:25厘米
枝下高:2.95米
平均冠幅直径:6米
树龄:110多年
异常情况:无
结实情况:好

柽柳古树

学名:柽柳
当地土名:柽柳
拉丁名:*Tamarix chinensis* Lour.
科别:柽柳科
属别:柽柳属
地点:鄂托克旗蒙西乡苏亥图村
小地名:苏亥图村
权属:个体
海拔:1411米
坡向:无　坡位:无　坡度:无
树高:7.5米
胸径:83厘米
枝下高:2.95米
平均冠幅直径:9.2米
树龄:100多年
异常情况:无
结实情况:好

蒙桑古树

学名:蒙桑
当地土名:刺叶桑
拉丁名:*Morus mongolica* Schneid.
科别:桑科
属别:桑属
地点:鄂托克旗蒙西乡伊克布拉格村
小地名:伊克布拉格村
权属:个体
坡向:无　坡位:无　坡度:无
树高:12 米
胸径:分别为 67、57、41 厘米
枝下高:分别为 2.1、3.7、3.9 米
平均冠幅直径:14 米
树龄:100 年以上
异常情况:无
结实情况:好

旱柳古树

学名:旱柳
当地土名:高干
拉丁名:*Salix matsudana* Koidz.
科别:杨柳科
属别:柳属
地点:鄂托克旗蒙西乡布日嘎斯太村
小地名:布日嘎斯太村
权属:集体
海拔:1402 米
坡向:无　坡位:无　坡度:无
树高:12 米
胸径:96 厘米
枝下高:3.05 米
平均冠幅直径:12.6 米
树龄:300 多年
异常情况:无
结实情况:好

小叶杨古树

学名：小叶杨
当地土名：水桐
拉丁名：*Populus simonii* carr.
科别：杨柳科
属别：杨属
地点：鄂托克旗蒙西镇乡布日嘎斯太村
小地名：布日嘎斯太村
权属：集体
海拔：1406 米
坡向：无　坡位：无　坡度：无
树高：15 米
胸径：110 厘米
枝下高：3.18 米
平均冠幅直径：19.5 米
树龄：300 多年
异常情况：无
结实情况：好

榆树古树

学名：榆树
当地土名：榆树
拉丁名：*Ulmus pumila* L.
科别：榆科
属别：榆属
地点：鄂托克旗蒙西乡
小地名：蒙西
权属：个体
海拔：1215 米
坡向：无　坡位：无　坡度：无
树高：11 米
胸径：94 厘米
枝下高：1.95 米
平均冠幅直径：9 米
树龄：100 年以上
异常情况：无
结实情况：好

旱柳古树

学名:旱柳
当地土名:高干
拉丁名:*Salix matsudana* Koidz.
科别:杨柳科
属别:柳属
地点:鄂托克旗蒙西镇乡伊克布拉格村
小地名:二队
权属:个体
海拔:1206 米
坡向:无　坡位:无　坡度:无
树高:10 米
胸径:130 厘米
枝下高:2.9 米
平均冠幅直径:23 米
树龄:150 年以上
异常情况:无
结实情况:好

旱柳古树

学名:旱柳
当地土名:高干
拉丁名:*Salix matsudana* Koidz.
科别:杨柳科
属别:柳属
地点:鄂托克旗苏米图乡斯布扣村
小地名:石荣
权属:个体
海拔:1323 米
坡向:无　坡位:无　坡度:无
树高:10.8 米
胸径:110 厘米
枝下高:2.56 米
平均冠幅直径:9.2 米
树龄:120 多年
异常情况:有病虫害
结实情况:好

(七)鄂托克前旗古树

榆树古树

学名:白榆

当地土名:榆树

拉丁名:*Ulmus pumila* L.

科名:榆科

属别:榆属

地点:鄂托克前旗城川镇村

小地名:吉拉苏木旧址

海拔:1364米

坡向:无　坡位:无　坡度:无

树高:12米

胸径:78厘米

枝下高:3米

平均冠幅直径:18米

树龄:235年

异常情况:无

结实情况:无

榆树古树

学名:白榆

当地土名:榆树

拉丁名:*Ulmus pumila* L.

科名:榆科

属别:榆属

地点:鄂托克前旗城川镇

小地名:榆树壕

海拔:1376米

坡向:无　坡位:无　坡度:无

树高:18米

胸径:95厘米

枝下高:1米

平均冠幅直径:27米

树龄:400年

异常情况:无

结实情况:无

文冠果古树

学名：文冠果树
当地土名：木瓜树
拉丁名：*Xanthocerassorbifolia* Bunge
科名：无患子
属别：文冠果属
地点：鄂托克前旗城川镇
地名：榆树壕
海拔：1327 米
坡向：无　坡位：无　坡度：无
树高：13 米
胸径：66 厘米
枝下高：1.8 米
平均冠幅直径：12 米
树龄：120 年
异常情况：无
结实情况：少

柽柳古树

学名：柽柳树
当地土名：中国柽柳树、桧柽柳
拉丁名：*Tamarix chinensis* Lour.
科名：柽柳科
属别：柽柳属
地点：鄂托克前旗敖勒召其镇漫水塘村
小地名：漫水塘一队
海拔：1369 米
坡向：无　坡位：无　坡度：无
树高：8 米
胸径：30 厘米
枝下高：1.7 米
平均冠幅直径：16 米
树龄：100 年
异常情况：无
结实情况：无

榆树古树

学名:白榆
当地土名:榆树
拉丁名:*Ulmus pumila* L.
科名:榆科
属别:榆属
地点:鄂托克前旗上海庙镇特布
　　　德村
小地名:特布德庙
海拔:1409 米
坡向:无　坡位:无　坡度:无
树高:10 米
胸径:52 厘米
枝下高:5 米
平均冠幅直径:6 米
树龄:110 年
异常情况:无
结实情况:无

榆树古树

学名:白榆
当地土名:榆树
拉丁名:*Ulmus pumila* L.
科名:榆科
属别:榆属
地点:鄂托克前旗上海庙镇特布
　　　德村
小地名:特布德庙
海拔:1381 米
坡向:无　坡位:无　坡度:无
树高:8 米
胸径:38 厘米
枝下高:3 米
平均冠幅直径:6 米
树龄:110 年
异常情况:无
结实情况:无

榆树古树

学名:白榆
当地土名:榆树
拉丁名:*Ulmus pumila* L.
科名:榆科
属别:榆属
地点:鄂托克前旗上海庙镇特布德村
小地名:特布德庙
海拔:1381 米
坡向:无　坡位:无　坡度:无
树高:12 米
胸径:58 厘米
枝下高:3 米
平均冠幅直径:15 米
树龄:110 年
异常情况:无
结实情况:无

文冠果古树

学名:文冠果树
当地土名:木瓜树
拉丁名:*Xanthocerassorbifolia* Bunge
科名:无患子科
属别:文冠果属
地点:鄂托克前旗上海庙镇特布德村
小地名:特布德庙
海拔:1381 米
坡向:无　坡位:无　坡度:无
树高:8 米
胸径:60 厘米
枝下高:2.5 米
平均冠幅直径:11 米
树龄:120 年
异常情况:无
结实情况:无

文冠果

旱柳古树

学名:旱柳

当地土名:挠橡树

拉丁名:*Salix matsudana* Koidz.

科名:杨柳科

属别:柳属

地点:鄂托克前旗敖勒召其镇乌兰道崩村

小地名:乌兰道崩庙

海拔:1320 米

坡向:无　坡位:无　坡度:无

树高:10 米

胸径:133 厘米

枝下高:7 米

平均冠幅直径:18 米

树龄:230 年

异常情况:无

结实情况:无

旱柳古树

学名:旱柳树

当地土名:脑川树

拉丁名:*Salix matsudana* Koidz.

科名:杨柳科

属别:杨柳属

地点:鄂托克前旗敖勒召其镇乌兰道崩村

小地名:乌兰道崩庙

海拔:1320 米

坡向:无　坡位:无　坡度:无

树高:10 米

胸径:45 厘米

枝下高:1.3 米

平均冠幅直径:15 米

树龄:230 年

异常情况:无

结实情况:无

柽柳古树

学名：柽柳树
当地土名：红柳树
拉丁名：*Tamarix chinensis* Lour.
科名：柽柳科
属别：柽柳属
地点：鄂托克前旗敖勒召其镇敖勒召其村
小地名：耐玛庆
海拔：1347 米
坡向：无　坡位：无　坡度：无
树高：8 米
胸径：32 厘米
枝下高：1.7 米
平均冠幅直径：20 米
树龄：80 年
异常情况：无
结实情况：无

酸枣古树

学名：酸枣树
当地土名：酸刺
拉丁名：*Ziziphus. jujuba* Mill. var. *Spinosa*（Bunge）Hu ex H. F. Chowl
科名：鼠李科
属别：枣属
地点：鄂托克前旗上海庙镇哈沙图村
小地名：其巴根希里
海拔：1360 米
坡向：无　坡位：无　坡度：无
树高：3 米
胸径：8 厘米
枝下高：1.5 米
平均冠幅直径：3.5 米
树龄：100 年
异常情况：无
结实情况：结实

文冠果古树

学名:文冠果树
当地土名:木瓜树
拉丁名:*Xanthocerassorbifolia* Bunge
科名:无患子科
属别:文冠果属
地点:鄂托克前旗昂素镇玛拉迪村
小地名:玛拉迪社区万世平家
海拔:1381米
坡向:无　坡位:无　坡度:无
树高:6.8米
胸径:47厘米
枝下高:3米
平均冠幅直径:4米
树龄:120年
异常情况:无
结实情况:结实

文冠果古树

学名:文冠果树
当地土名:木瓜树
拉丁名:*Xanthocerassorbifolia* Bunge
科名:无患子科
属别:文冠果属
地点:鄂托克前旗昂素镇玛拉迪村
小地名:玛拉迪社区张永梅家
海拔:1381米
坡向:无　坡位:无　坡度:无
树高:7米
胸径:48厘米
枝下高:3米
平均冠幅直径:4米
树龄:120年
异常情况:无
结实情况:无

榆树古树

学名:白榆树
当地土名:榆树
拉丁名:*Ulmus pumila* L.
科名:榆科
属别:榆属
地点:鄂托克前旗上海庙镇布拉格村
小地名:布拉格社区
海拔:1410 米
坡向:无　坡位:无　坡度:无
树高:19 米
胸径:123 厘米
枝下高:3 米
平均冠幅直径:12 米
树龄:190 年
异常情况:无
结实情况:无

榆树古树

学名:白榆树
当地土名:榆树
拉丁名:*Ulmus pumila* L.
科名:榆科
属别:榆属
地点:鄂托克前旗上海庙镇布拉格村
小地名:布拉格社区
海拔:1409 米
坡向:无　坡位:无　坡度:无
树高:14 米
胸径:100 厘米
枝下高:1.4 米
平均冠幅直径:12 米
树龄:29 年
异常情况:无
结实情况:无

文冠果古树

学名：文冠果树
当地土名：木瓜树
拉丁名：*Xanthocerassorbifolia* Bunge
科名：无患子科
属别：文冠果属
地点：鄂托克前旗上海庙镇布拉格村
小地名：布拉格社区
海拔：1419米
坡向：无　坡位：无　坡度：无
树高：8.5米
胸径：50厘米
枝下高：4.5米
平均冠幅直径：13米
树龄：120年
异常情况：无
结实情况：无

文冠果古树

学名：文冠果树
当地土名：木瓜树
拉丁名：*Xanthocerassorbifolia* Bunge
科名：无患子科
属别：文冠果属
地点：鄂托克前旗上海庙镇布拉格村
小地名：布拉格社区
海拔：1415米
坡向：无　坡位：无　坡度：无
树高：9米
胸径：68厘米
枝下高：3.3米
平均冠幅直径：16米
树龄：140年
异常情况：无
结实情况：无

(八)乌审旗古树

榆树古树

学名:榆树
当地:土名榆
拉丁名:*Ulmu spumil a*
科别:榆科
属别:榆属
地点:乌审旗苏力德乡通史村沙
　　　地中
地理坐标:0300214,4239680
海拔:1257 米
坡向:无　坡位:无　坡度:无
树高:25 米
胸径:70 厘米
异常情况:无
枝下高:1 米
平均冠幅直径:26×20 米
树龄:100 年
结实情况:无

榆树古树

学名:榆树
当地土名:榆
拉丁名:*Ulmuspumil a*
科别:榆科
属别:榆属
地点:乌审旗乌审召乡查汗庙村
地理坐标:0321121,4349223
海拔:1305 米
坡向:无　坡位:无　坡度:无
树高:25 米
胸径:90 厘米
枝下高:1.5 米
平均冠幅直径:26×20 米
树龄:约 100 年
结实情况:无

榆树古树

学名:乌审旗榆树
当地土名:古榆
拉丁名:*Ulmuspumil a*
科别:榆科
属别:榆属
地点:乌审旗乌审召庙乡镇村沙地中
地理坐标:0330100,4330713
海拔:1335 米
坡向:无　坡位:无　坡度:无
树高:2~3.5 米
胸径:120 厘米
枝下高:1 米
平均冠幅直径:5×7 米
树龄:300 年以上
结实情况:无

榆树古树

学名:榆树
当地土名:古榆
拉丁名:*Ulmuspumil a*
科别:榆科
属别:榆属
地点:乌审旗嘎鲁图乡镇布寨村沙地中
地理坐标:0303055,4292520
海拔:1343 米
坡向:无　坡位:无　坡度:无
树高:29 米
胸径:90 厘米
枝下高:3 米
平均冠幅直径:2×8 米
树龄:百年以上
结实情况:无

榆树古树

学名：榆树
当地土名：家榆
拉丁名：*Ulmuspumil a*
科别：榆科
属别：榆属
地点：乌审旗嘎鲁图乡镇布寨村沙地中
地理坐标：0303078,4292649
海拔：1357 米
坡向：无　坡位：无　坡度：无
树高：23 米
胸径：85 厘米
枝下高：5 米
平均冠幅直径：26×20 米
树龄：100 年以上
结实情况：无

文冠果古树

学名：文冠果
当地土名：木瓜
拉丁名：*Xanthocerassorbifolia* Bunge
科别：无患子科
属别：文冠果属
地点：乌审旗乌审召庙乡镇村沙地中
地理坐标：0330211,4330539
海拔：1309 米
坡向：无　坡位：无　坡度：无
树高：9 米
胸径：16 厘米
枝下高：6 米
平均冠幅直径：26×20 米
树龄：约 200 年
结实情况：有

第三节　古树文化现状

　　古树主要集中在山间旷野和村镇，古树曾是居住偏僻、文化落后的鄂尔多斯百姓为实现消灾免难、永保平安，六畜兴旺、五谷丰登等美好愿望的图腾。正因为百姓的信奉和呵护才使众多古树保存至今。

　　古树名木是开发旅游资源的重要元素，鄂尔多斯市著名的油松王景区，因为有中国油松王，才逐渐开发为旅游景区的，目前各种殿堂、纪念馆、购物、餐饮等设施一应俱全，还修通了专用公路，成为旅游观光胜地，每天都有来自全国各地的成百上千的游客前来顶礼膜拜和观光。痴心寻求历史的梦幻和瞻仰松王的神圣尊容。

　　榆树壕古榆群，位于鄂托克前旗珠和巴彦希里，数千株榆树生长在流沙上，形成了一处黄(沙)绿(树)相嵌的独特景观。很早以前这里就由附近百姓自发推举产生管委会，负责管护这片树林，并组织每年五月初三的庙会。会长换了一届又一届，而庙会的习俗一直延续至今。近年来每年参加庙会的游客达数万人。

　　七仙古榆位于达拉特旗耳字壕镇新建村的榆卜子，该树原本同根7干，农业合作化时被公社全部砍去，制作了十几辆二饼子牛车。此后从根上发出4根新干，经过50年的生长，目前的树冠重新相连交合，外观看不到缺损，树高18米，树冠投影468.7平方米。树龄270年。树前是三间新盖的琉璃瓦砖庙，庙前广场五六十平方米，广场前是高大的戏台，戏台旁是庙委会管理房。庙委会由临近三个村的村民推举三人组成，由三村轮流理事，负责日常事务且组织每年正月的7天灯游会。每年阴历六月唱7天大戏，参会者累计达数万人。费用全部由百姓布施承担，平时这里也香火不断。

　　青达门古榆王位于达拉特旗青达门乡碾房渠村神树塔社，树高14.5米，胸径1.91米，树冠投影314平方米，树龄650年。树旁盖了一座双开神庙，分别供奉着观音菩萨和龙王。树旁修通一条柏油路，交通便利，终年香火不断。

　　古树实际上是一种文化(即古树文化)，目前除上述古树外，还有很多古树，如：鄂托克旗的盘龙古榆、八仙柽柳、(十姐妹)酸枣树；鄂托克前旗的呼日呼古文冠果；乌审旗的新庙梁古树群、嘎鲁图的盘枝古榆、乌审召古榆群；达拉特旗的马场壕大神树；准格尔旗的苗家梁古圆柏、苏家湾古神榆等都有望发展成新的旅游景点，弘扬古树文化。

　　古树大多分布在地远偏僻，交通不便的地方，如：旱榆大部集中在阿尔巴斯的18条大沟内；蒙桑分布在千里山的什拉木杜沟，这里立地条件极度恶劣，乱石堆积，人迹难至，蒙桑就长在乱石堆中或悬崖峭壁的石缝间而生存至今。准格尔旗阿贵庙、石窑庙、袁家梁、神山庙的古侧柏、古杜松、古油松也都是因为它们长在人迹罕至的深山陡坡和峡谷峭壁，才避免了被破坏。

第四节　古树名木的保护管理措施

一、提高对古树名木文化的思想认识

古树名木是大自然的瑰宝,是长期历史发展进程中自然与人文相互交融、变迁的见证。古树名木是名胜古迹的佳景,是有生命的历史文物。古树名木是研究自然变迁的重要资料,它那复杂的年轮,蕴含着古代水文、地理、植被、气候的变迁;古树名木是植物文化的精髓,它们是历代文人吟诗作画的题材,往往伴有优美的传说和奇妙的故事;古树名木对于当地造林绿化的树种选择具有重要参考价值。

鉴于古树名木的重要价值,对古树名木实施保护具有重要意义。保护古树名木对弘扬中华民族古老的文化传统,为多学科研究提供了实物依据;能丰富人民精神文化生活,激励人民爱祖国、爱家乡的热忱。

延长古树名木的寿命,三分在天七分在人。要采取各种科学方法,精心养护管理,使古树名木增加活力,抵抗天灾,延缓衰老,永葆青春。同时要通过各种途径,采取多种形式,深入广泛地开展宣传教育,使广大干部群众明确保护古树名木的重要意义,增强社会共识,树立爱护古树名木、积极保护古树名木的社会文明新风尚。加强古树名木保护管理,杜绝再次发生针对古树名木的人为破坏行为。

二、实行统一管理,分级落实管护责任

古树名木分布广,且涉及权属,宜实行分级负责、分工管理,且专业管理与发动群众管理相结合,进行全面管护。城市的古树名木应由园林行政主管部门负责;农村牧区的古树名木由各级林业行政主管部门负责;风景名胜区、召庙寺院、机关和企事业单位范围内的古树名木应由所在单位负责管护;居民院内的古树名木应由居民或由村社、街道办事处责令专人管护;在山间旷野的古树名木应由乡镇一级人民政府和村委会按其权属指定专人管护。

各管理单位对一些有特殊历史价值和纪念意义的古树名木,还应树立说明牌碑进行宣传介绍,便于游人和广大群众了解和认识该古树名木的价值。各种建设项目,在规划设计中,凡涉及古树名木安全的,应分别由有关管理部门审批,共同研究避让和保护措施,不得随意处置。严禁砍伐和迁移古树名木。

三、根据国家有关法律法规,制定鄂尔多斯市古树名木的地方性管理制度

中华人民共和国成立后,特别是党的十一届三中全会以来,全国人大常委会、国务院和国务院各有关部门先后颁布实施了与保护古树名木有关的法律法规等十多件,对保护古树名木起到了一定的积极作用,但鄂尔多斯至今尚无一部专门的关于古树名木保护管理的地方性法规或行政规章,直接影响到了鄂尔多斯市古树名木的保护工作。借鉴外地经验,并结合鄂尔多斯市古树名木的实际情况尽快制定地方性的古树名木保护管理法规、条例或行政规章实属势在必行,从而将古树名木的保护管理工作纳入法制轨道,真正做到依法管理、依法保护。

四、古树名木的养护方法

(一)挂牌保护:对古树名木必须实行挂牌保护。注明古树名称、树种、学名、科属名、树龄、归属单位或个人、保护责任人等。

(二)抚育管理:古树名木和一般造林树种一样,必须加强抚育管理工作。

1. 对于根际土壤长期受人畜践踏、机械碾压,缺乏养护的古树名木应进行换土、改土工作,覆填肥沃松软的沙壤质土。对坡地根系部分裸露的古树名木,周围应砌制围坛,覆土盖根,防止土层崩塌和水土流失。

2. 灌溉与排水。古树名木树冠庞大,生长季节水分蒸腾强烈,常因失水过多而致树叶萎蔫脱落,严重影响其生长,因此,应采取及时补水措施,特别是干旱荒漠区,每年应补水2~3次。生长在低洼地段的古树名木,则应做好排水工作。

3. 施肥。在有条件地方,要对古树名木适当施肥,以改善其土壤的营养状况,促进其根系新生和树体复壮。

4. 防治病虫害。古树名木进入衰老阶段,其活力衰退,抗病虫能力减弱,常易遭受不同程度的病虫为害。为此,应注意改善其生存环境和营养条件,增强其自身的抗病虫能力。在此基础上,再按照病虫种类和危害程度,采取药物或其他措施进行防治。

古树名木的主要病害是真菌病害,其中木腐菌侵害枝干最为严重,常使树干形成空洞。防治方法是清除树体上被侵染的病灶,清除枯枝化梢等病源,防止病菌蔓延。树干进行涂白,修整伤口,并涂以保护剂,预防病害发生。发现病害应及时采用化学药剂进行喷洒、熏蒸或涂敷,及时消灭病源菌。

古树名木的虫害主要以蛀干害虫为多。蛀食树干、树枝的韧皮部和木质部,有时也蛀食根部,造成树势衰弱,还常引起病害侵染而加速枯死。一旦发现新鲜蛀孔或虫粪排出,就应及时挖空蛀道内的虫粪,塞入敌敌畏棉球,用药泥封堵洞口进行熏杀。对于食叶害虫,则应根据其为害情况分别采取人工捕捉、毒饵或灯光诱杀,严重时用化学药剂防治。

5. 预防气象灾害。古树名木常遭受暴风、雷电、冰冻、积雪等气象灾害的侵袭,造成折枝断梢,或击裂树干引起火灾,或部分枝干被冻裂,或被大雪压断枝干等,使树体局部受损或整体被毁。其预防办法是:安装避雷针以防雷击;安装支架稳定树体和枝杈,以防大风和大雪灾害;冬季树干涂白以防冻害和日灼。

(三)创伤处理:古树名木的树体常因机械、动物、病虫害以及人为破坏而造成创伤,需进行专门处理。

1. 树体创伤的处理。用刮刀刮除伤残腐朽外层,喷洒或涂抹消毒剂,如硫酸铜溶液、波尔多液、甲醛溶液或白涂剂等。为防止水分进入伤口而引起腐烂或腐朽,应选用假漆、煤焦油、木焦油、紫胶或接蜡等涂封伤口。

2. 树皮剥落的处理。清理树皮剥落处的干枯或腐烂的树皮,以防病虫孳生,进而为害树体木质部。伤口和裸露的木质部应进行消毒处理,涂抹防水、防腐剂,以免伤口扩大。

3. 树干洞穴的处理。将树干洞穴的糟朽部分刮除干净,然后涂抹防水、防腐剂后,分别用三合土、水泥、砖石等物进行填充,力求严实,不留空隙。如果树体伤口不深,有可能自然愈合的,只需进行清理、消毒、防水、防腐处理即可。

4. 彻底清除枯枝死梢。凡生长衰弱的古树,大多有枯枝死梢,或有些梢头虽未完全枯死,还有少量叶片,但其只能消耗营养,应及时修剪除去。

《鄂尔多斯古树名木》出版后,已引起各级政府和广大人民群众的关注,例如鄂托克旗林业局已对旗内部分古树进行立碑保护,在群众中引起了较大反响。各地人民群众积极地为古树名木系红布、挂哈达,千方百计地杜绝人为侵害。有的地方新盖了社庙,迎来香火,表达了对古树名木的朴素敬仰之情。

第四章 绿化及外来树种资源

第一节 主要外来树种资源现状

早在内蒙古自治区解放初期,鄂尔多斯市就确定了三大造林树种——杨、柳、榆,即小叶杨、旱柳、榆树,它们都是地道的乡土树种,不仅具有防风固沙、保持水土等功能,而且也是延续多年的用材树种。20世纪50至70年代,老一辈林业工作者从外地引入不少树种试种以期为鄂尔多斯市林业建设扩充造林树种,筛选出樟子松、河北杨、新疆杨、刺槐、花曲柳、水曲柳、白蜡、核桃、复叶槭、臭椿等外来树种,这些树种分别适合于不同类型地域生长,并在几十个杂交杨树品种选育中选出了适合鄂尔多斯中西部生长的优良杨树品种合作杨。在引进的灌木树种中尚未选出适合当地的造林树种,大量的造林只能应用本地的优良灌木树种沙柳、杨柴、花棒、沙棘等。乔灌木树种除大量用作防风固沙、保持水土等生态林营造外,也可用作用材林、植物饲料、生物质发电以及园林绿化等。

近10年来,在园林绿化事业大发展浪潮中,园林部门又大量地引进了许多外来树种,用于公园、道路、绿地等园林绿化,主要有梓树、火炬树、国槐、龙爪槐、朝鲜槐、蝴蝶槐、香花槐、红花槐、圆冠榆、馒头柳、栾树、花楸、金叶榆、垂柳、榆叶梅、红瑞木、紫叶小檗、西府海棠、紫叶李、碧桃、山楂、云杉、银杏、皂荚、红丁香、暴马丁香、连翘、五角枫、龙爪枣、白桦、银杏、金叶莸、小叶黄杨、小叶女贞等。

下面将鄂尔多斯主要外来树种资源情况陈述如下。

1. 樟子松

拉丁文名:*Pinus sylvestris* var. *mongolica* Litv.

松科　*Pinaceae*
松属　*Pinus*
别名　西伯利亚松、黑河赤松

形态特征:常绿乔木,树高15～20米,最高30米,最大胸径1米。树皮较厚,有纵裂,黑褐色,常鳞片状开裂。轮枝明显,每轮5～12个,多为7～9个,表面有树脂。叶两针一束,粗硬,稍扁扭曲,长5～8厘米,树脂道7～11条,维管间距较大。花期5月中旬至6月中旬,球果翌年9—10月成熟。种翅为种子的3～5倍长,种子大小不等,扁卵形,黑褐色、灰黑色、黑色等多色,先端尖。

生长环境:樟子松是阳性树种,树冠稀疏,针叶多集中在树的表面,在林内孤立或侧方光照充足时,侧枝及针叶繁茂,幼树在树冠下生长不良。樟子松适应性强,在养分贫瘠的风沙土上及土层很薄的山地石砾土上均能生长良好。在鄂尔多斯地区,对该树种已经大面积造林,造林地类型涉及沙地、石质丘陵沟壑区,生长良好。能耐鄂尔多斯的极端天气,但不能结实。

分布:属引进树种,已成为全市最主要造林树种,已大面积栽培推广。

可推广利用价值:樟子松是东北地区主要的速生用材、防护绿化、水土保持优良树种。材质较强,纹理直,可作为建筑、家具等用材。树干可割树脂,提取松脂及松节油,树皮可提取栲胶。在鄂尔多斯市,可作为庭园观赏及绿化树种。生长较快,材质好,适应性强,可作为鄂尔多斯市沙丘地区的造林树种,用于防护林、碳汇林等各项林业生态工程。

参见表4-1所示。

表4-1 樟子松种质资源情况

树种	调查地块	优良林分布数量及面积(亩)	长势			GPS地理坐标
			树高(米)	冠幅(米)	郁闭度	
樟子松	伊金霍洛旗	10000	2.4	1.8×2.1	80	39°18.535′ 109°48.869′ 396711 4355950 398399 4354209 397790 4352894 396079 4353520
	东胜区	3000	1.7	1.5×1.9	80	398772 4412566

2. 胡桃

拉丁文名:*Juglans mandshurica* Maxim.

胡桃科 *Juglanndaceae*

胡桃属 *Juglans* L.

别　名 无

形态特征:乔木,高达20米。树皮灰色,具浅纵裂;幼枝被有短茸毛。奇数羽状复叶生于萌发条上者长可达80厘米。雄性葇荑花序,长9~20厘米,花序轴被短柔毛。果实球状、卵状或椭圆状,顶端尖,密被腺质短柔毛,长3.5~7.5厘米,径3~5厘米;果核长2.5~5厘米。花期5月,果期8—9月。

生长环境:阳性树种。喜生于排水

较好、土层深厚的砂质土壤，以及石灰性土壤中。

分布：准格尔旗的乌兰不浪，以及东胜区有栽培。

可推广利用价值：其木材为重要的军工及家具用材；核桃仁含油率60%～74%，蛋白质17%～27%，可作为滋补品；种子能入药，为国家重点保护植物。

3. 丁香

拉丁文名：*Syringa oblata* L.

木犀科　*Oleaceae*
丁香属　*Syringa* L.
别　名　洋丁香

形态特征：灌木或小乔木，高可达4米。枝条粗壮无毛，二年生枝黄褐色或灰褐色，有散生皮孔。单叶对生，宽卵形或肾形，宽度常超过长度，宽5～10厘米，先端渐尖，基部心形或楔形，边缘全缘，两面无毛；叶柄长1～2厘米。圆锥花序出自枝条先端的侧芽，长6～12厘米；萼钟状，长1～2毫米，先端有4小齿，无毛；花冠紫红色，高脚碟状；花冠筒长1～1.5厘米，径约5毫米，先端裂片4个展开，矩圆形，长约0.5厘米；雄蕊2枚，着生于花冠筒中部或中上部。蒴果矩圆形，稍扁，先端尖，2瓣开裂，长1～1.5厘米，具宿存花萼。花期4—5月。

生长环境：中生植物。

分布：无集中大面积分布，零散生于准格尔旗的阿贵庙、袁家梁、马栅。全市各公园、小区、街道、林场、育苗单位等均有栽培。

可推广利用价值：优良的园林绿化树种，对二氧化硫及氟化物等多种有毒气体有较好的抗性和净化作用。花可提取芳香油，嫩叶可代茶饮。

4. 中国白腊

拉丁文名：*Fraxinus chinensis* Roxb.

木 犀 科　*Oleaceae*
白蜡树属　*Fraxinus* L.
别　　名　白蜡树

形态特征：落叶乔木，高达25米。去年枝淡灰色或微带黄色，无毛，散生点状皮孔；当年枝幼时微带柔毛，后渐光滑。奇数羽状复叶，对生，小叶通常5~9片，常为7片，椭圆形、椭圆状卵形或矩圆状披针形，先端渐尖，基部楔形或圆形，边缘有锯齿或波状齿，上面无毛，下面沿脉具柔毛，无柄或有短柄。圆锥花序出自当年生枝叶腋或顶枝；花单性，雌雄异株；花萼钟状，先端不规则4裂，无花冠，雄花具2枚雄蕊。翅果菱状倒披针形或倒披针形。花期5月，果熟期10月。

生长环境：喜光，中生树种。

分布：本市有栽培。

可推广利用价值：白蜡树木材坚韧，可制家具、农具、车辆、胶合板等；枝条可编筐；树皮又称"春皮"，中医学上用作清热药。

5. 新疆杨

拉丁文名：*Populus alba* L.var. pyramidalis Bunge

杨柳科　*Salicaceae*
杨　属　*Populus* L.
别　名　白杨、加拿大杨、新疆银白杨

形态特征：本变种与正种的区别在于——树直干，树冠呈圆柱形或尖塔形；树皮为灰白色或者浅绿色，光滑，少裂；萌条长枝叶掌状、深裂而较大，长5～8厘米，基部平截；短枝上的叶片近圆形或者椭圆形，边缘具粗锯齿，下面绿色，初被绒毛，后渐脱落，仅见雄株。

生长环境：喜半荫，喜温暖湿润气候及肥沃的中性及微酸性土壤。耐寒性不强。生长缓慢，耐修剪。对有毒气体的抗性强。耐轻度盐碱，在黄灌区生长最好。

分布：使用于部分林业生态工程、三北防护林。各公园街道、林场、城镇皆有栽培。

可推广利用价值：常用园林绿化树种。

6. 紫丁香

拉丁文名：*Syringa oblata* L.

木犀科　*Oleaceae*
丁香属　*Syringa* L.
别　名　丁香、华北紫丁香

形态特征：灌木或小乔木，高可达4米。枝条粗壮无毛，二年生枝黄褐色或灰褐色，有散生皮孔。单叶对生，宽卵形或肾形，宽度常超过长度，宽5～10厘米，先端渐尖，基部心形或楔形，边缘全缘，两面无毛；叶柄长1～2厘米。圆锥花序出自枝条先端的侧芽，长6～12厘米；萼钟状，长1～2毫米，先端有4小齿，无毛；花冠紫红色，高脚碟状，花冠筒长1～1.5厘米，径约5毫米，先端裂片4个，开展，矩圆形，长约0.5厘米；雄蕊2枚，着生于花冠筒的中部或中上部。蒴果矩圆形，稍扁，先端尖，2瓣开裂，长1～1.5厘米，具宿存花萼。花期4—5月。

生长环境：中生植物。

分布：无集中大面积分布。零散生于准格尔旗的阿贵庙、袁家梁、马栅等地。全市各公园、小区、街道、林场、育苗单位等均有栽培。

可推广利用价值：优良的园林绿化树种。花可提制芳香油，嫩叶可代茶饮用。对二氧化硫及氟化物等多种有毒气体有较好的抗性和净化作用。

7. 连翘

拉丁文名：*Forsythia suspensa*（Thunb.）Vahl.

木犀科 *Oleaceae*
连翘属 *Forsythia* Vahl.
别　名　黄绶丹

形态特征：落叶灌木，高 1~2 米，最高可达 4 米，直立。枝中空，枝开展或下垂，且棕色、棕褐色或淡黄褐色，小枝土黄色或灰褐色，疏生皮孔，节间中空具较密而凸起的皮孔。叶通常为单叶，或 3 裂至 3 出复叶，叶片卵形、宽卵形或椭圆状卵形至椭圆形，长 2~10 厘米，宽 1.5~5 厘米，先端锐尖，基部圆形、宽楔形至楔形，叶缘除基部外具锐锯齿或粗锯齿，上面深绿色，下面淡黄绿色，两面无毛；叶柄长 0.8~1.5 厘米，无毛。花通常单生或 2 朵至数朵着生于叶腋，先于叶开放；花梗长 5~6 毫米；花萼绿色，裂片长圆形或长圆状椭圆形，长(5)6~7 毫米，先端钝或锐尖，边缘具睫毛，与花冠管近等长；花冠黄色，裂片倒卵状长圆形或长圆形，长 1.2~2 厘米，宽 6~10 毫米。在雌蕊长 5~7 毫米的花中，雄蕊长 3~5 毫米；在雄蕊长 6~7 毫米的花中，雌蕊长约 3 毫米。果卵球形、卵状椭圆形或长椭圆形，长 1.2~2.5 厘米，宽 0.6~1.2 厘米，先端喙状渐尖，表面疏生皮孔；果梗长 0.7~1.5 厘米。花期 3—4 月，果期 7—9 月。

生长环境：生于山坡灌木丛、林下或草丛中，或山谷、山沟疏林中。

分布：非乡土树种。全市各公园、街道、小区等都有栽培。

可推广利用价值：优良的园林绿化树种；药用植物；野生植物油料，连翘籽含油率达 25%~33%，籽实油含胶质，挥发性能好，是绝缘油漆工业和化妆品的良好原料，具有很好的开发潜力。

8. 忍冬

拉丁文名：*Lonicera Japonica.*

忍冬科 *Caprifoliaceae*
忍冬属 *Lonicera* L.
别　名　无

形态特征：灌木，高1~2米，最高可达4米，直立。枝中空，老枝为褐色至赤褐色，且具较密而突起的皮孔。单叶或3出复叶，对生，卵形至矩圆状卵形，长3~10厘米，宽2~5厘米，先端渐尖或锐尖，基部楔形或圆形，中上部边缘有粗锯齿，叶柄长0.8~1.5厘米。花1~3(6)朵，腋生，先叶开放；萼裂片4个，矩圆形，长5~7毫米，与花冠筒约相等；花冠黄色，花筒内侧有橘红色条纹，先端4个深裂；裂片椭圆形或倒卵椭圆形，长约2毫米。蒴果卵圆形，先端尖，长1.5~2厘米，被面散生瘤状凸起，熟时2瓣开裂，果梗长约1厘米，种子翅。花期5月，果期9—10月。

生长环境：喜阳、耐阴、耐寒性强，也耐干旱和水湿。对土壤要求不严，但以在湿润、肥沃的深厚沙质土壤中生长为最佳。生于山坡灌木丛或疏林中、乱石堆、山足路旁。

分布：非乡土树种。全市各公园、街道、小区等都有栽培。

可推广利用价值：优良的园林绿化树种；药用价值较高。

9. 红瑞木

拉丁文名：*Swida alba* Opiz.

山茱萸科　Cornaceae
梾木属　*Swida* Opiz.
别　　名　红瑞木山茱萸

形态特征：落叶乔木或灌木，稀常绿。冬芽顶生或腋生，卵形或狭卵形。叶对生，纸质，稀革质，卵圆形或椭圆形，边缘全缘，通常下面有贴生的短柔毛。伞房状或圆锥状聚伞花序，顶生，无花瓣状总苞片；花小，两性；萼管状，顶端有齿状裂片4个；花瓣4片，白色，卵圆形或长圆形，镊合状排列；雄蕊4枚，着生于花盘外侧，花丝线形，花药长圆形，2室；花盘垫状；花柱圆柱形，柱头头状或盘状；子房下位，2室。核果球形或近于卵圆形，乳白色，矩圆形；稀椭圆形；核骨质，有种子2枚。花期5—6月，果熟期8—9月。

生长环境：生于河谷、溪流旁及杂木林中。

分布：外来树种。全市各地均有栽培，尤其是公园、街道等处。

可推广利用价值：园林绿化树种。

10. 苹果

拉丁文名：*Malus* pumila.

蔷薇科	*Rosacea*
苹果属	*Malus* Mill.
别　名	西洋苹果

形态特征：乔木，高可达15米。多具有圆形树冠和短主干；小枝短而粗，圆柱形，幼嫩时密被绒毛；老枝紫褐色，无毛；冬芽卵形，先端钝，密被短柔毛。叶片椭圆形、卵形至宽椭圆形，长4.5～10厘米，宽3～5.5厘米，先端极尖，基部宽楔形或圆形，边缘具有圆钝锯齿，幼嫩时两面具短柔毛，长成后上面无毛。伞房花序，具花3～7朵，集生于小枝顶端。果实扁球形，直径在2厘米以上，先端常有隆起，萼洼下陷，萼片永存，果梗短粗。花期5月，果期7-10月。

生长环境：喜温暖气候、肥沃土壤。

分布：全市各地均有栽培。

可推广利用价值：其果实为我国主要水果，通常栽培的品种有：黄奎、123、人民、祝、旭、金冠、国光、黄元帅、红星、富士等；中等饲用植物。

11. 杜梨

拉丁文名：*Pyrus betulifolia* Bunge.

蔷薇科　*Rosacea*
梨　属　*Pyrus*
别　名　棠梨、土梨

形态特征：乔木，高达 10 米。树冠展开，枝常具刺；小枝嫩时密被灰白色绒毛，二年生枝条具稀疏绒毛或近于无毛，紫褐色；冬芽卵形，先端渐尖，外被灰白色绒毛。叶片菱状卵形至长圆卵形，长 4～8 厘米，宽 2.5～3.5 厘米，先端渐尖，基部宽楔形，稀近圆形，边缘有粗锐锯齿；幼叶上下两面均密被灰白色绒毛，成长后脱落；老叶上面无毛而有光泽，下面微被绒毛或近于无毛；叶柄长 2～3 厘米，被灰白色绒毛；托叶膜质，线状披针形，长约 2 毫米，两面均被绒毛，早落。伞形总状花序，有花 10～15 朵，总花梗和花梗均被灰白色绒毛，花梗长 2～2.5 厘米；苞片膜质，线形，长 5～8 毫米，两面均微被绒毛，早落；花直径 1.5～2 厘米；萼筒外密被灰白色绒毛；萼片三角状卵形，长约 3 毫米，先端急尖，全缘，内外两面均密被绒毛；花瓣宽卵形，长 5～8 毫米，宽 3～4 毫米，先端圆钝，基部具有短爪；花朵白色；雄蕊 20 枚，花药紫色，长约花瓣之半；花柱 2～3 根，基部微具毛。果实近球形，直径 5～10 毫米，2～3 室，褐色，有淡色斑点，萼片脱落，基部具带绒毛果梗。花期 4 月，果期 8—9 月。

生长环境：耐涝、耐旱、为耐盐碱；为盐碱化土壤上梨树的优良砧木。

分布：准格尔旗、乌审旗有栽培。

可推广利用价值：木材坚细，可制作家具及农具。果实可食用、酿酒、制糖，又可入药。可提取栲胶。可作为牲畜的饲料，属低等饲用植物。

12. 山楂

拉丁文名：*Crataegus pinnatifida*.

蔷薇科　*Rosacea*
山楂属　*Crataegus* L.
别　名　山里红、裂叶山楂

形态特征：落叶乔木，高可达 6 米。枝密生，有细刺，幼枝有柔毛；小枝紫褐色，老枝灰褐色。叶片三角状卵形至棱状卵形，长 2～6 厘米，宽 0.8～2.5 厘米，基部楔形或宽楔形，两侧各有 3～5 个羽状深裂片，基部 1 对裂片分裂较深，边缘有不规则锐锯齿。复伞房花序，花序梗、花柄都有长柔毛；花白色，有独特气味，直径约 1.5 厘米；萼筒外有长柔毛，萼片内外两面无毛或内面顶端有毛。梨果深红色，近球形。花期 5—6 月，果期 9—10 月。

生长环境：中生植物，散生于山地沟谷。

分布：准格尔旗的马栅有栽培。

可推广利用价值：果实可食用、入药，能消食化滞、散瘀止痛；叶煎水代茶饮可降压；根可治风湿性关节痛、水肿等。中等饲用植物。

13. 楸子

拉丁文名：*Malus prunifolia*（Willd.）Borkh.

蔷薇科　*Rosaceae*
苹果属　*Malus* Mill.
别　名　海棠果、海红

形态特征：小乔木，高达 3～8 米。小枝粗壮，圆柱形，嫩时密被短柔毛；老枝灰紫色或灰褐色，无毛；冬芽卵形，先端急尖，微具柔毛，边缘较密，紫褐色，有数枚外露鳞片。叶片卵形或椭圆形，长 5～9 厘米，宽 4～5 厘米，先端渐尖或急尖，基部宽楔形，边缘有细锐锯齿，幼嫩时上下两面的中脉及侧脉有柔毛，后逐渐脱落，仅在下面中脉处稍有短柔毛或近于无毛；叶柄长 1～5 厘米，嫩时密被柔毛，老时脱落。果实卵形，直径 2～2.5 厘米，红色，先端渐尖，稍具隆起；萼洼微突；萼片宿存肥厚；果梗细长。花期 4—5 月，果期 8—9 月。

生长环境：中生植物，适应性强，抗寒、抗旱，也能耐湿。

分布：准格尔旗南部、东胜区有栽培，并有原料基地林。

可推广利用价值：果实可供鲜食或加工，可酿酒、制饮料。

第二节 适应性及推广范围和面积

樟子松主要适应于毛乌素沙地的防护林等生态造林工程和鄂尔多斯市大部分区域的园林绿化建设；合作杨只适合于毛乌素沙地的林业生态林营造，20世纪七八十年代大量推广应用；花曲柳、水曲柳、白蜡、核桃、复叶槭、臭椿主要适应于典型草原丘陵沟壑区的生态建设，但推广面积都很小；刺槐目前在园林绿化中应用较少；新疆杨在鄂尔多斯市的园林绿化事业中应用范围最广，在荒漠草原区及干旱半干旱区也可栽植。

园林部门引进的树种中，比较适应鄂尔多斯地区地理环境的有樟子松、新疆杨、垂柳、馒头柳、垂榆、稠李、复叶槭、刺槐、香花槐、白蜡、龙爪槐、榆叶梅、西府海棠、连翘、火炬树、暴马丁香、栾树、接骨木、金银忍冬、玫瑰、五叶地锦、木藤蓼等。其中，樟子松、新疆杨、垂柳、垂榆、榆叶梅、五叶地锦、玫瑰等已成为园林绿化的骨干树种；其余大部分树种如云杉、花楸、五角枫、金枝国槐、金枝垂柳、金叶榆（灌木型）、蝴蝶槐、朝鲜槐、金叶莸、红瑞木、紫叶小檗、龙爪枣、白桦、银杏等都不太适应，尤其是金叶莸、红瑞木、紫叶小檗、龙爪枣、白桦、银杏等已处于被淘汰状态。就连大家一度公认的骨干树种国槐也表现出不适应，实践证明国槐在鄂尔多斯地区的抵抗自然灾害的能力差，特别是抗病虫害能力更差。危害槐树的病虫害有蛀干害虫锈色粒肩天牛、吉丁虫；食叶害虫有国槐蚜虫、国槐尺蠖；病害有腐烂病、腐朽病、流胶病等，在不久的将来有逐步被淘汰的可能。

在适应的树种中，基本上都适宜在典型草原区范围内栽植。适合在干旱荒漠区范围内推广的树种有樟子松、新疆杨、垂榆、刺槐、白蜡、榆叶梅、西府海棠、火炬树、玫瑰、五叶地锦、木藤蓼等。

引进树种樟子松的推广面积已经接近100万亩，适应性良好，尤其是在沙地之中，但总体不结实。

第三节　主要外来树种利用发展规划

根据各树种的用途,我们做出了如下利用和发展规划:

(1)用在林业荒山、荒沙造林、防护林、行道树等生态建设方面的树种有樟子松、新疆杨、复叶槭、刺槐、白蜡、水曲柳、花曲柳、火炬树等。

(2)用在城镇园林绿化中的树种有樟子松、新疆杨、垂柳、馒头柳、垂榆、稠李、复叶槭、刺槐、白蜡、水曲柳、花曲柳、香花槐、龙爪槐、榆叶梅、西府海棠、连翘、火炬树、暴马丁香、栾树、接骨木、金银忍冬、玫瑰、五叶地锦、木藤蓼等。根据目前的园林应用实际表现,在园林绿化树种中可发展成骨干树种的有樟子松、新疆杨、垂柳、垂榆、白蜡、榆叶梅、玫瑰、五叶地锦、木藤蓼等;可发展为配栽树种的有馒头柳、刺槐、香花槐、龙爪槐、连翘、火炬树、暴马丁香、接骨木、金银忍冬、稠李、复叶槭等。

(3)具有药用价值的树种有樟子松、新疆杨、垂柳、核桃、白蜡、花曲柳、水曲柳、榆叶梅、玫瑰、五叶地锦、木藤蓼、刺槐、连翘、火炬树、暴马丁香、金银忍冬、稠李、接骨木、复叶槭、刺槐等。

(4)用材树种有樟子松、新疆杨、垂柳、核桃、白蜡、花曲柳、水曲柳、刺槐、暴马丁香、稠李、复叶槭、栾树、馒头柳等。

(5)可作为造纸、人造板、人造纤维的树种有沙柳、樟子松、新疆杨、垂柳、刺槐、金银忍冬、复叶槭等。

(6)含鞣质,可提取栲胶的树种有新疆杨、核桃、火炬树、栾树、稠李等。

(7)种子含油的树种有核桃、刺槐、栾树、接骨木、稠李等,种子油可供制肥皂、油漆。

(8)可提取芳香油的树种有玫瑰、刺槐、暴马丁香等。

(9)可提取染料的树种有核桃、稠李、栾树等。

(10)具有其他用途的树种如下:

①核桃含蛋白质17%~27%,可作滋补食品;外壳可制活性炭。

②玫瑰花瓣可作糖果糕点调味品,可提取芳香油,并用于熏茶、酿酒。

③三裂绣线菊、土庄绣线菊、大果榆、山杏、枸杞、山桃、山榆、桃叶卫矛、小叶茶藨子、沙木蓼、文冠果、互叶醉鱼草、柠条锦鸡儿、藏锦鸡儿、中间锦鸡儿、柽柳、火炬树、白刺、辽东栎、华北驼绒藜、塔落岩黄芪、细枝岩黄芪、沙枣、沙拐枣、沙棘、阿拉善沙拐枣、枣树、虎榛子、柳叶鼠李、唐古特白刺、蒙古荴、楸子、国槐、紫穗槐、丁香等为蜜源植物。

④火炬树的木材可雕刻、旋制工艺品,种子含油蜡,可作为工业原料。

⑤金银忍冬的幼叶及花可代茶饮。

⑥复叶槭的木材为细木工用材,并且是抗烟性能较强的环保树种。

⑦刺槐的嫩叶及花可食用。

⑧西府海棠、山杏、山桃常作为砧木,果实可食用或进行食品加工。

总之,我们要对每一个树种的不同用途开展一物多用,全面开发和利用各树种的特种用途,为鄂尔多斯市的经济建设服务。

第五章 鄂尔多斯市常用树种育苗技术

一、樟子松

(一)种子调制、加工

一般的调制方法是把樟子松的果实首先经过干燥,使球果的鳞片失水后反曲开裂,经多次反复干燥,种子即脱出。人工加热干燥(温度45℃)3~4天,70%~80%的球果可开裂脱粒,未裂果可浸入25~30℃的水中5~10分钟,再加热干燥脱粒;或5—6月份晾晒秋果,7~8天可脱粒,揉搓翅,筛选去杂,然后利用不同孔径的筛子将大小种子分开,有利于提高种子品质。

(二)贮藏方法

采取4℃低温冷藏方法来保存种子。

(三)樟子松的育苗技术

圃地选择

育苗圃要设在交通方便,劳动力充足,有水源、地势平坦、排水良好的地方。土壤要求为,通透性良好,土壤pH值呈中性、微酸性,且土层较深厚。

圃地设计

对选定的苗圃地,根据育苗任务、育苗方式和圃地的自然条件,进行生产区、试验区、辅助用地设计。对圃地、道路、输电、排灌、种子和苗木分级室、贮藏室、仓库、办公区等附属设施用地,要统一规划,合理安排,便于生产和机械作业。

整地与土壤改良

整地:整地包括翻耕、耙地、平整。要求做到深耕细整,清除草根、石块,地平土碎。春季翻耕深度为20厘米以上,秋冬翻耕深度25厘米以上,随耕随耙,及时平整、镇压。

土壤改良:圃地土壤瘠薄的,要逐年增施有机肥料。偏沙的土壤除增施有机肥外,还要混拌粘壤土;偏酸的土壤要增施生石灰、碱性肥料;偏碱的土壤要增施酸性肥料、硫磺、硫酸亚铁,使土壤pH值6~7为宜。并在做好床基或整平床面时进行土壤消毒。

施肥:为提高土壤肥力,改善土壤的理化性质,育苗地应施足底肥,以保证苗木生长有足够的营养。肥料均匀撒入育苗地后,结合耕翻,均匀施入深土层中,且农家肥要在充分发酵、腐熟、消毒后使用;要适当追肥,为了调节各种养分比例,也可施无机磷、钾肥或少量无机氮肥。

作业方式

床作:床宽1~1.5米,床长10~40米,机械作业时可适当加长些。床间步道50~60厘米。

垄作:垄底宽65~70厘米,垄面宽40~50厘米,垄长根据地形并结合机械化作业程度确定。垄台厚度 15~20 厘米,垄距 50~65 厘米。

(四)播种育苗

将混杂在种子中的小枝、叶片、土壤、石子等夹杂物和有缺陷的(如病虫害、压伤、腐烂、未成熟)种子清除。

催芽处理

为促进种子迅速发芽,出苗整齐,增强苗木抗性,播种前应进行催芽处理。在播种前用 0.5% 的高锰酸钾溶液进行消毒后,再用 40℃ 温水浸泡一昼夜,然后用两倍的湿沙混拌,沙温度为 16~25℃,同时需注意及时喷洒清水和翻动种沙层,裂嘴率达 15%~25% 时即可播种。

播种时期

在春季土壤解冻后,土壤温度达到 15℃ 以上(一般在 5 月中旬)即可播种。

播种方法

顺床散播和条播,散播为 11~18 克/平方米播撒优良种子,覆土厚度为种子大小的一倍,即 0.5~1.0 厘米。

(五)移植育苗

移植时间

移植在早春土壤解冻后、新芽萌发前或秋季土壤结冻前,即在苗木停止生长期间进行。

移植密度

移植株的行距为(5~10 厘米)×(8~10 厘米)。

移植要求

培育 1 年以上的苗木,要经过移植,将 100~200 株苗木捆成一把,修剪底部须根,在水里浸泡根部 4~5 小时。移栽苗要快,要保护好苗木根系不受风吹日晒;栽苗深度以苗叶不埋入土中为宜;植苗后,要踩实、浇水。移植 2~3 天后,适当地喷叶面肥。为促进发根,可用 ABT 生根粉溶液灌根。移栽苗成活后,要适时灌水、追肥、除草,促进生长。

水分管理

浇水要适时、适量。出苗期(种子发芽期),即从播种到幼苗出齐前,表土必须保持湿润。在生长初期,浇水时应掌握量少、次多的原则;速生期,即 7—8 月份,采取多量少次办法;到 8 月下旬后,苗木生长后期要控制灌溉,除特别干旱外,可不必灌溉。在苗木停止生长前一个月,停止浇水和施肥。圃地发现有积水要立即排除,做到内水不积、外水不淹。

除草和松土

播种后就要喷洒除草剂,除草时要掌握除早、除小、除了的原则。人工除草在地面湿润时须连根拔除。

间苗

当年播种的苗要及时间苗。要拔除生长过于密集、发育不健全和受伤、感染病虫害的幼苗,使幼苗分布均匀。间苗的时间与次数,要根据幼苗生长发育状况和培育目的决定。

病虫害防治

防治病虫害要坚持"预防为主"的原则,认真做好病虫害的预测和预报,掌握病虫的发生发展规律,采取综合防治措施。一般在苗出齐后每隔7~10天喷雾波尔多液1次,连续2~3次,可收到较好的效果。

出圃的苗木和调进的种苗,要进行检疫。发现病虫害感染严重和属于检疫对象的,要立即烧毁;要搞好苗圃环境卫生,做到苗圃内无杂草;要适时早播,加强水肥管理,促进苗木生长,增强抗性。

霜冻害防治

幼苗梢部在冬季及早春易受冻,可在苗床上搭设薄膜拱棚防冻。有条件的地方可设置风障,防寒风吹袭。

樟子松是耐寒冷的树种,但是幼苗期间由于冬季干燥气候的影响,地上部分蒸腾较强,苗木易失水导致生理性干旱而枯死。因此,在冬季必须采取保护措施,幼苗才能安全越冬。根据多年的实践,冬季采取覆土防寒对保护幼苗安全越冬的效果良好。一般在11月上、中旬,也就是土壤即将冻结时进行。埋土前,苗床干燥应提前3~5天灌1次水,水渗下去后,把步道或垄沟土翻起打碎再向苗床覆盖。盖土时先将苗向一个方向压倒,再逐渐盖土,厚度10~15厘米,翌年春季土层化冻达20~30厘米时,分2~3次把土撤出并及时灌水。

鼠害防治

播种后,须及时防治鼠害。应在苗床四周撒布毒饵,放置粘鼠胶纸,并结合人工捕杀灭鼠。

二、油松

(一)种子调制、加工

采回来的球果要摊在通风向阳的场地晾晒,每隔两天翻动一次。待球果表层已有开裂时,每天需翻动1~2次,让球果加速干燥,到晚上重新堆积起来,再用草袋、席帘等物覆盖。白天球果失去水分,晚间因温度降低而相对湿度增高,球果又重新获得一部分水分,经过反复收缩开张,果鳞易容开裂,种子脱出。这种完全利用自然条件进行球果干燥,是节约能源的好办法。种子从果鳞中脱落后时常带有种翅,需反复翻动用手搓剥,随后用风车或簸箕吹出秕种和杂质,即可得到纯净种子。净度要在95%以上,未达到要求时则再进行精选,直到合格。调制种子时间需要7~10天。

(二)种子贮藏方法

贮藏时间不超过1年时可将种子装入麻袋,摆放在库房里,垛底用木架垫起,保持通风。如果要长时间贮藏,可加长种子的晾晒时间,经过检验测定纯种子含水量降到8%~9%,则装进铁桶密封,放在0~4℃的冷库里可贮藏多年。

(三)种子育苗技术

苗圃地选择

选择地势平坦、灌溉方便、排水良好、土层深厚肥沃的中性(pH值为6.5~7.0)沙壤土或壤土为苗圃地。宜选择前茬作物为油松、栎类、杨树、柳树、紫穗槐,以及其他一些针叶树种的茬地为苗圃地,也可新开垦荒地育苗。避免在前茬作物为刺槐、榆树、君迁子等树种和白菜、马铃薯等菜地茬口上育苗。

整地施肥

育苗前必须整地。苗圃整地以秋季深耕为宜,深度在20~30厘米,深耕后不耙。第二年春季土壤解冻后,每公顷施入堆肥、绿肥、厩肥等腐熟有机肥40000~50000公斤,并施过磷酸钙300~375公斤。再浅耕一次,深度在15~20厘米,随即耙平。

作床

作床前3~5天灌足底水,将圃地平整后作床。一般采用平床。苗床宽1~1.2米,两边留好排灌水沟及步道,步道宽30~40厘米,苗床长度根据圃地情况确定。气候湿润或有灌溉条件的苗圃可采用高床,即苗床高出步道15~20厘米,床面宽30~100厘米,苗床长度根据圃地情况确定。

干旱少雨、灌溉条件差的苗圃,可采用低床育苗,即床面低于步道15~20厘米,其余与平床要求相同。

土壤消毒

播种前宜进行土壤消毒。另外,种子播种前应进行种子检验,种子质量应当达到《林木种子质量分级》(GB 7908-1999)标准的要求。播种前应当用福尔马林或高锰酸钾对种子进行消毒。将种子放在0.5%的福尔马林溶液中浸泡15~30分钟,捞出后密闭2小时,用清水冲洗后,将种子摊薄阴干,或用浓度0.5%的高锰酸钾溶液浸泡种子2小时后,清水洗净、阴干。

采用温水浸种催芽

播种前4~5天用45~60℃温水浸种,种子与水的容积比约为1∶3。浸种时不断搅拌,使种子受热均匀,自然冷却后浸泡24小时。种皮吸水膨胀后捞出,置于20~25℃条件下催芽。在催芽过程中经常检查,防止霉变,每天用清水淘洗一次。有1/3的种子裂嘴时,即可播种。播种时间一般在3月下旬至4月上中旬,要适时早播。

根据种子质量等级、预产苗量等因素,每公顷播种量为225~300公斤。以开沟条播为宜,开沟要端直,沟底平。沟深1.0~1.5厘米,沟宽5~7厘米,沟间距15~20厘米。

用播种器将种子均匀播于床面沟底内;或手工播种,撒种要均匀。播种深度1.0~1.5厘米。覆土厚度1.0~1.5厘米,厚薄要一致。覆土后再镇压,有条件的苗圃可在床面喷增温剂或覆膜保湿。

苗木出土前一般不浇水,视土壤干燥情况可少量喷水,保持床面湿润。切忌浇蒙头水,以防土壤板结,通气不良。苗木出齐后(70%脱帽),灌小水一次进行稳苗。油松幼苗耐干旱、怕淤、怕涝、易染立枯病,在幼苗期,即出土后30~50天内,少浇水或不浇水,以促进根系发育,并能防止立枯病的发生。苗木速生期的需水增多,应根据天气和土壤墒情保证水分供应,尤其是间苗或追肥后要及时灌水,浇匀浇透,土壤浸湿深度应达到主根分布深度。灌水应在早晨和傍晚进行,避免在气温最高的中午灌水。

苗木生长后期,即8月下旬应停止灌溉,防止苗木徒长,使苗木充分木质化。土壤封冻前灌足防冻水,以利于苗木安全越冬。

苗木生长期间,应根据苗木生长情况适时追肥,幼苗期和速生期前期以施氮肥为主,苗木生长后期应停止施用氮肥,并适量追施钾肥,防止苗木徒长,促使苗木充分木质化。

雨季前,苗圃杂草少,应着重松土。降雨或灌水后,土壤易板结,应及时松土。松土深度应考虑苗木大小,一般幼苗期的松土深度为2~4厘米,以后逐渐加深至5~6厘米。松土时要做到不伤苗,不压苗。雨季以后杂草增多,要及时除草。除草应"除早、除小、除了",防止带苗或伤根。有条件的地方,可在地面覆黑地膜,既保墒又可防止杂草生长。

间苗

一般非过密可不间苗,如需间苗不宜过早。当苗木生长旺盛,苗木间出现竞争并产生分化时,进行第一次间苗,一般在6—7月份,隔10～20天进行第二次间苗。间苗采用"间去大小两头留中间"的方法。全苗处可等距离留苗,缺苗处可留2～3株一簇的丛生苗。间去病苗、弱苗、双株苗和无顶尖等机械性损伤苗。间苗时须连根拔除,不留残根残梗。间苗后,苗木密度保持每播种行1米长留苗100～130株,即400～500株/平方米。

病虫害防治

苗木出土后到种壳脱落前,可在苗床上盖苇帘或加防护网,以防鸟害。油松幼苗易感染猝倒病,应在苗木出齐后,每隔7～10天,喷洒0.5%～1%的硫酸亚铁溶液,或0.5%的等量式波尔多液一次,连续喷2～3次,喷药后用清水洗苗。同时,定期对苗木进行检查,发现病虫害感染严重的苗木,应立即清除并烧毁。苗木越冬前7天左右灌一次防冻水。在较寒冷地区,当年生小苗越冬可进行埋土防寒。埋土一般在土壤结冻前进行,埋土时应使苗木倒向一边,埋土厚度以不露苗梢为度。土壤解冻5～7厘米时,即撤土前5天,浇解冻水一次。春季土壤解冻后,分2次撤去床面防寒土或防寒覆盖物,而后立即喷水以湿润苗木。

二年生苗木生长期间的需水增多,应根据天气和土壤墒情以及时保证水分供应,尤其是间苗或追肥后要及时灌水,浇匀浇透,土壤的浸湿深度应达到主根分布深度。

根据苗木生长情况适时追肥,以施氮肥为主,一般在5月上中旬、6月中旬、7月上中旬结合浇水,各施硫酸铵一次,每公顷施用量分别为100～150公斤、180～225公斤、225～270公斤。施肥量与施肥方法同当年苗。

降雨或灌水后,应及时疏松土壤,清除杂草。松土深度依苗木大小而定,一般在5～7厘米。松土除草时,要做到不伤根、不伤苗、不压苗。苗木生长稳定后要间苗定株,使苗木密度保持每播种行1米长留苗60～80株,即250～300株/平方米。间苗方法同当年生苗。

8月中下旬停止灌溉和施用氮肥,并追施磷酸二氢钾1～2次,施肥量与施肥方法同当年苗。土壤封冻前要灌足防冻水,以利于苗木安全越冬。

定植育苗技术

育苗地应选择背风向阳、靠近水源、排水良好、靠近造林地的地块。作床前要先整平地面,清除杂草。为便于管理,宜采用低床育苗。根据容器袋的规格,挖深为12～15厘米(比容器高2～3厘米,以便于灌水)、宽80厘米的育苗床,床底整平,苗床四壁垂直,以便于容器放置。两床之间留30～40厘米的步道,苗床长度依地势而定。

用多种基质按一定比例混合成复合基质,将配好的基质装入容器内,装基质时要适度按压。若过松,则灌水后基质下沉严重;若过紧,则影响幼苗生长;以灌水后基质自然下沉至距容器上沿1厘米左右为宜。

装好基质的容器摆放于育苗床内,摆入床内的容器袋要直立、挤紧,尽量少留空隙,以便于管理。当整个苗床所有的容器袋都装满土后,于播种前1～2天灌透水。通常先将种子用0.5%的福尔马林溶液浸泡15～30分钟或用0.5%的高锰酸钾溶液浸泡1～2小时。一般用50～60℃温水浸种,水量相当于种子的2～3倍,先放水后再放种子,放入种子后立即搅拌,使种子受热均匀,水温自然冷却后浸种24小时,种子吸足水分后捞出,放入容器内置于温暖处催芽,然后每天用温水冲洗1次,7～10天后,大部分种子的种皮开裂,此时即可用点播方式播种。

三、中间锦鸡儿育苗技术

(一)种子采集与调制

采种时间为7月上中旬。可直接利用采种工具进行人工采种。采种时借助采种钩等工具将枝条压低到人能够得着的高度,用手人工摘取柠条荚果。如果种子完全成熟,可采用棍棒敲打树干、果枝,使荚果开裂、种子脱落,然后在地面用笤帚将种子扫起集中。

采种前应清除母树周围地面杂草,采收时要求将采摘的荚果、种子及时运送到晒种台进行晾晒、脱种、净选、分级处理,防止雨淋、种子受热发霉及鼠虫害。采种时严格保护母树,不得伤毁树皮、树干、枝条,做到边落边收,以免鼠食虫蛀,造成损失。

种子调制包括脱粒、净种、干燥、分级几个环节。果实采集后应及时调制,以免种子发热、发霉而降低种子品质。采回的荚果要及时均匀地摊在晒种台或干燥的平地上自然晾晒,荚果厚度以3~5厘米为宜,早晚用遮阴网遮住荚果,防止鸟类侵害,其他时间段去掉遮阴网,以便于增加荚果的光照度,缩短荚果的干燥时间。

晾晒时需根据天气定期翻晾,防止荚果受潮、发热、种子发霉。待大部分荚果干燥开裂后再用小木板等工具敲打,使种子受震动而从干裂的果荚内全部脱出,再采用人工风选法去除荚壳和泥土等杂质。

(二)育苗技术

柠条育苗圃地应选择地势较平坦、有灌溉条件的地区,并且土壤的通透性要良好,最好选择固定、半固定沙地或覆沙地育苗。春季或初夏时整地,深翻20厘米左右或播前整地,清理杂物并进行耙压。有灌溉条件的,应该作床,床高15~20厘米,床长可根据圃地的平整条件而定。苗床宽可放宽到10厘米,床面每隔1.3米,留30厘米宽的步道。

将新采集的种子经风选或筛选,需纯度达90%以上、含水量低于10%。播种前需要对种子进行药物处理及催芽。每公顷下种量15公斤(指一级种子发芽率在85%以上),一般在当年4月上旬开始播种;深秋播种苗木不能充分木质化,易发生冻害。播种规格为:垄距25厘米,播幅10~15厘米,播种深度2~4厘米。条件允许的话,每亩施农家肥1000公斤,或播种前施二胺、复合肥20~40公斤。苗木出土后尽量不浇水或少浇水,干旱时应随时浇水,但一定要预防病虫害的发生。

四、柠条锦鸡儿育苗技术

(一)种子采集与调制

采种时间为7月上中旬。可直接利用采种工具进行人工采种。采种时借助采种钩等工具将枝条压低到人够得着的高度,用手摘取柠条荚果。如果种子完全成熟,可采用棍棒敲打树干、果枝,使荚果开裂、种子脱落,然后在地面用笤帚将种子扫起集中。采种前应清除母树周围地面杂草,采收时要求将采摘的荚果、种子及时运送到晒种台进行晾晒、脱种、净选、分级处理,防止雨淋、种子受热发霉及鼠虫害。

采种时严格保护母树,不得伤毁树皮、树干、枝条,做到边落边收,以免鼠食虫蛀,造成损失。

种子调制包括脱粒、净种、干燥、分级几个环节。果实采集后应及时调制,以免种子发热、发霉而降低种子品质。采回的荚果要及时均匀地摊在晒种台或干燥的平地上自然晾晒,荚果厚度以3～5厘米为宜,早晚用遮阴网遮住荚果,防止鸟类侵害,其他时间段去掉遮阴网,以便于增加荚果的光照度,缩短荚果的干燥时间。晾晒时根据天气定期翻晾,防止荚果受潮、发热、种子发霉,待大部分荚果干燥开裂后再用小木板等工具敲打,使种子受震动而从干裂的果夹内全部脱出,再采用人工风选法除去荚壳和泥土等杂质。

(二)育苗技术

选择土质疏松的地块为育苗地,在前一年的秋季对育苗地进行深耕翻晒,第二年3月下旬至4月上旬再深翻一次。每亩施腐熟的基肥1000～1500公斤,每亩施过磷酸钙60公斤,犁后耙平地。播种前进行灌透浇水,超出地面10厘米即可。播种一般在5—7月,用双行播种机械进行播种,将播种机的行距定位40厘米,深度定位1～1.5厘米,每亩播种量为15～20公斤。

圃地选择

选择在光照时间长、质地疏松、水肥适中的土壤,以及交通便利、半阴半阳且避风的缓坡耕地和土壤疏松、土层深厚、保墒能力强的地块育苗,尤以长期使用农家肥的耕地为佳。

整地作床

在前一年的秋季,对所选苗圃地进行1次深耕翻晒。深翻半个月后,再犁地1次,结合犁地,施基肥,每亩施过磷酸钙50公斤,犁后将地面耙平、耙实。4月下旬至5月上旬,进行土壤浅耕,并施45公斤/亩的尿素与10公斤/亩的复合肥,然后作床。床面宽2米,长度视田面而定,并在易积水的地方挖出20厘米深的排水沟。

种子处理

在作床的同时,可进行种子处理。用0.5%的高锰酸钾溶液浸种2小时,捞出再水浸24小时后,铺在芦席上置于温热的室内进行催芽。在室内可生火加温,并不断洒水、搅拌,待种子有50%露白芽时再播种。

播种

4月中下旬,在作好的床面上,用锄头开沟条播,播幅3～4厘米,开沟深度1～1.5厘米。播后覆土,每亩播种量20～25公斤,播种后要经常检查床面的干湿程度和种子发芽情况,如果床面干时,可于傍晚时在床面上洒水,直至幼苗出齐。

田间管理

苗高长到4～5厘米时,及时进行松土、除草、疏苗,拔掉病苗、弱小苗,保留500株/平方米左右的壮苗。及时防治病虫害。幼苗期用0.5%的硫酸亚铁喷洒苗木,防治苗木立枯病。中华鼢鼠是柠条幼苗的大敌,它可将幼苗根系从地下部位咬断,且危害连片。根据其生活习性,可采用地弓、地箭捕杀和洞内投毒的办法预防。追肥时应根据基肥的数量,以及土壤的肥力和苗木的生长情况确定追肥量。一般在5—6月份撒播农家肥,若遇降雨时则追施尿素及叶面宝等植物生长调节剂。7月下旬应停止追肥,以免苗木贪青陡长,影响木质化,不利于苗木越冬。

(三)柠条营养袋育苗造林技术

1.容器选择。柠条育苗容器大多选择有底蜂窝式营养袋。此容器装土快捷且适应于干旱缺水地区的保水,有底蜂窝式营养袋的效果最佳。

2.育苗地选择。应根据具体情况选择标准温室、日光温室、露地大田进行育苗。

3.营养土配方。营养土配方采用熟化的耕层表土70%、细沙20%、腐熟厩肥10%。营养土中,按土重的2‰加入多菌灵消毒,再装入营养袋。

4.种子处理和播种方法。播种前将种子中混入的杂质筛选干净,或用0.5%~1.0%的食盐水选种,将漂在水面的杂质去掉,然后用1%的高锰酸钾溶液消毒20分钟,再用清水冲洗干净。再放入30℃温水中浸种12小时后捞出混沙催芽,待种子裂嘴露白尖时即可播种。装入有营养土的塑料容器中,排放整齐,每排宽1.2米左右,便于播种、拔草、浇水,两排之间要留有步道。播种前一天要给排放好的营养袋浇水,全部灌透。袋口渗水后留下1~2厘米深的空处,第二天即可在空处播种10~15粒,然后覆土,刮平。覆土可按肥∶沙∶土为2∶4∶4的比例配制,以防床面板结。

5.苗期管理。播种3天后,柠条开始顶土出苗。出苗后,要保持土壤湿润,但不要浇水过勤,以免湿度过大,发生立枯病。如幼苗叶片出现发黄、枯死,应立即用多菌灵或苗菌必克等杀菌剂喷施防病。塑料大棚育苗时,要在移栽前7天撤棚炼苗。

6.起苗运输。在移栽前1~2天喷水,保持营养袋内湿润,用平锹从袋底平铲并端住树干,4根木杠均匀地固定在地面。用挖出的表土填实根坨四周的空隙,后填入穴土,然后沿着种植穴的外缘,做一道高20厘米、宽30厘米的土堰,分别浇两次透水,水干后,再封满坑,以后视天气情况每20~30天浇一遍透水。

五、蒙古岩黄芪(花棒)育苗技术

(一)采种与调制

采种一般在10月中下旬。选择5年以上的壮龄母树,采种时注意防止损伤枝干,采集的种子要及时晾晒,去除杂质,存放于通风干燥的地方。

(二)育苗

苗圃地的选择,以地下水位较深,排水良好的沙壤土为好,粘土、低洼地、盐碱地及地下水位较高的地方,易发生根腐。于前一年秋季将育苗地施肥、深翻、平整好,灌足冬水。一般情况下,一次性施足底肥,苗期不再追肥,施腐熟的有机肥3000~4000公斤/亩。

播种前5~10天,把种子用温水浸泡2~3天后,在室温下按种子和沙1∶2的比例混合均匀,用水洒湿进行催芽。每天喷水1次保持湿润,有少量种子开始露白时,即可播种。亩播种量为30公斤,一般4月下旬播种。大田育苗一般播前先灌足底水,待水干后拉线开沟条播,行距30厘米,带距40~50厘米(即3~4行一带),深3~4厘米,覆土后轻轻镇压。10~15天左右苗木基本出齐,苗木出土后,根据土壤板结和杂草情况,每15天左右松土除草1次,7月底停止。在苗期,除非土壤过于干旱,尽量不要浇水,当年秋季即可出土造林。

六、塔落岩黄芪(杨柴)育苗技术

(一)采种与调制

8—9月份,当荚果的颜色由绿变为黄褐色时,种子已经成熟,即可开始采集。采种后应及时晾晒,除去杂质和荚果皮,贮存于通风、干燥处。种子千粒重13~17克,等到种子干透后,收集起来准备来年备用。

(二)育苗

苗圃地选择时,以地下水位较深,排水良好的沙壤土为好,粘土、低洼地、盐碱地及地下水位较高的地方,易发生根腐。于前一年秋季将育苗地施肥、深翻、平整好。一般情况下,一次性施足底肥,苗期不再追肥。

播种前5～10天,把种子用温水浸泡2～3天后,在室温下按种子和沙1∶2的比例混合均匀,用水洒湿进行催芽,每天喷水1次保持湿润,有少量种子开始露白时,即可播种。

七、梭梭育苗技术

(一)采种调制

采种时间一般在10－11月,当翅果由绿色变为淡黄色或黑褐色时即成熟,成熟后易脱落。采种的母树林先选择优势林分,在优势林分中区划母树林,再从母树林中选择优良母树,树龄应为中龄,选择生长高大、主干明显、冠形丰满、长势旺盛、无病虫害的树木。

常用的采种方法有3种:(1)折枝法。将果枝折断,收集到采种单上敲打使种子落下,将枝条剔除。(2)地面收集法。将采集单铺在采种冠下,摇晃或敲打果枝,使种子落于单上。(3)袋装法。将果枝装入袋内敲打,使种子落入袋内。新采集的种子含水量较高,需摊开晾干,至水分降至15％时,除去种翅和杂质,以获得纯净种子。

(二)育苗、整地及播种

梭梭对土壤要求不严,含盐量不超过1％、地下水位在1～3米的沙化土和沙壤土最为适宜。切忌在通风不良的粘性土壤、盐渍化过重的盐碱地或排水不良的低洼湿地上育苗。

对于整地,播种前浅翻细耙、除去杂草、灌足底水即可。一般不强调深翻或施底肥,在灌溉条件好的地区,苗床以高床为好,较差地区采用平床即可,床式和规格要根据产苗量和各地区的具体情况而定,可采用小床、大床、大田,床面要平。也可作畦育苗,畦大小视土地平整状况而定,一般为3米×4米或4米×5米,不宜过大,以免浇水时深埋种子或者冲刷幼苗。

春秋播种均可。为了防止根腐病和白粉病,要对种子进行处理,播种前可用0.1％～0.3％的高锰酸钾或硫酸铜水溶液浸种20～30分钟后捞出晾干然后拌沙播种。梭梭的种子小,纯净种子千粒重约3克,根据苗木质量的要求,以分枝少,主根发达,长而粗壮的幼苗造林成活率高,因此要求适当密播,不宜过稀。一般每公顷播种量30公斤左右为宜,每公顷产苗量可达9万～10万株。

播种方式要因地制宜,一般以开沟条播,覆土1厘米为好。也可不覆土,沟播后,浅耙地表,轻轻镇压。条播行距25～30厘米,沟深1～1.5厘米。播后引小水缓灌,以后可酌情每隔1～2天灌溉一次,直到出齐苗。切忌大水漫灌或苗床积水。

梭梭播种后,苗床一般不需要覆草,在早春多风和干旱地区,要及时覆草,避免吹蚀和地表干燥。苗床要保持湿润,生长季节一般不需要灌溉,只需及时松土、除草,保持表土疏松、通气良好、圃地无草,但次数不宜过多,以免表土过于疏松而受到严重风蚀,同时要注意防止病虫害的发生。

八、霸王育苗技术

采用普通农田耕作土（pH值为8.0左右）和锯末，以2∶1的比例拌匀，同时混合磷肥和氮肥，其比例为1000∶0.5∶1，然后将营养土装至容器中。将处理干净的种子用0.2%甲基托布津溶液浸泡4小时进行消毒，然后清洗干净再用清水浸种10小时，置于室内催芽。保持湿润，温度控制在20~25℃，待1/3种子吐白时即可播种。

播种后覆盖细河沙和深林腐殖土，覆土深度为0.5~1.0厘米。苗木生长的适宜温度为18~28℃，相对湿度为80%~95%。

出苗半月后，以施氮肥为主，每10天结合淋水施0.1%尿素；一个半月后以施复合肥为主。幼苗期的病虫害防治应每隔5~7天喷施1%波尔多液或多菌灵防治。

九、四合木育苗技术

选择疏松、渗透性强的泥炭，腐熟羊粪、细沙（比例为2∶1∶1）混拌物为播种基质。圃地播种要选择上足底肥的沙壤土。4月上、中旬温度日渐升高，是播种最佳时间。春季干燥、风大，圃地播种，地墒很难掌握，对于种粒细小、来之不易的四合木，于室内采用泥盆点播的效果更好。

播前基质整平，用水阴透，将处理过的种子逐个点播，后及时覆薄沙0.3~0.4厘米。播后播种盆要用塑料压盖严实，以提高盆内温湿度。播后不需喷水。盖盆塑料待出苗率50%~60%时揭去。

幼苗要严格控制喷水量，在未移入大田时必须用喷雾器喷水，并视基质情况每4~5天喷透水1次，长出3~4片真叶时可延长喷水间隔期，水量过多过勤会使幼苗死亡率很高。

出苗5~7天后，移入通风处炼苗见直射光。5月中、下旬将小苗置于室外，这一时期应严格管理，幼苗绝不能被雨水冲打。

十、旱柳扦插育苗技术

应选择背风向阳、水源充足、排灌方便、地势平坦、交通便利、土壤质地为沙质土壤的地方，且疏松、透气、湿润、肥力较高，土层厚度超过50厘米，pH值为7~8。

扦插前要进行全面整地，做到深翻细作，耕深大于25厘米，耙平整细，确保地面无杂物，基肥一般在深翻前施入。同时结合呋喃丹15~30公斤/公顷，以消灭地下害虫。作畦不仅要利于操作管理，而且要利于光能利用，一般畦宽8米、长10米。

扦插种条一般采用一年生枝条，同时要求其木质化程度良好、无病虫害、干形通直圆满、具有饱满侧芽。种条采集在3月，芽萌动前采集，可以随采随插；采条后剪取长度以15~20厘米为宜，同时要求有3~4个饱满芽。剪条时尤其注意要保护插穗上端侧芽，上剪口应距离顶芽0.5~1.0厘米，下剪口应距基芽0.5厘米，插穗直径0.8~1.0厘米，不应小于0.6厘米。上剪口平切，下剪口切马蹄形，以利于扦插。剪口要平整，勿劈裂、伤皮。剪后浸入水中3~5天，待吸饱水分后即可扦插。

扦插时间一般在4月中上旬，要在插穗萌动前结束。一般采用直插，也可斜插。扦插前要对插穗进行消毒处理，可选用0.3%~0.5%的高锰酸钾溶液或50%的多菌灵500倍液。扦插高度高于地面0.5~1.0厘米，顶芽露出地面为宜。扦插规格一般采用30厘米×40厘米。扦插后要及时灌水，注意施肥。在越冬前，为使其木质化，应控制水分。

十一、沙地柏扦插育苗技术

(一)圃地选择

选择疏松、透气性和通风性好,且肥力较高的土壤或沙质壤土,以及排灌、运输条件良好的平坦地。

对圃地深翻,深翻深度 25 厘米,然后整平耙细,做成畦,苗床 1.5~2 米,畦面低于地面 17~20 厘米,用 50% 的多菌灵可湿性粉剂 800 倍液或 1%~2% 的福尔马林喷液消毒。一般于扦插前 2~3 天作好畦,保证畦面土层晾晒至手捏不能成团为宜。

(二)容器扦插

扦插时间多在清明前后,插穗选择无病虫害、无机械损伤、直径 3 毫米以上的优质 2 年生健壮枝条作为插穗。长度 35 厘米,顶稍完好,无木质化侧枝,剪口平滑呈马耳形,可边采边插。一般选用中下部有孔、规格大小 10 厘米×18 厘米的容器袋,在整好的畦内取土装袋扦插。

具体做法是:把畦面整体放低 20 厘米做成低床,挖起的土壤打碎过滤呈细土,堆放一旁待用,空出的场面踏实刮平,取细土装袋充实并将插穗插入袋内边装边插。扦插后要浇透水。

扦插一月内要勤浇水,保持地面湿润。生长期 20 天后施肥,按照氮肥磷肥 1:1 成分混合施肥,亩用量 20 公斤。7、8 月注意除草,及时清理死插穗,保持卫生宽松的生长环境。扦插 2~3 天后进行一次病虫害防治,可喷施多菌灵 1000 倍液,以后每隔 10 天喷一次。

(三)大田扦插育苗

把地整成宽 1.5 米,长 15~20 米的长畦,有利于排灌方便。育苗前整地要达到地平、土松、土碎、墒好。扦插适宜栽植密度为:株行距 0.2×0.2 米,每公顷 25 万株。把育苗地搂畦子整好之后,在扦插育苗前 1~2 天,灌透水 1 次。

沙地柏的扦插方法有斜插和直插两种。采用 50~90 度斜插方法,由于 5~10 厘米深土温高,有利于生根,但不耐旱,注意土壤墒情。采用直插法,抗旱能力强,但扦插条子底部土温低,生根比前者缓慢。无论用哪种方法,都必须把扦插条埋地 18~20 厘米深,踏实。

十二、榆树育苗技术

(一)种子调制、加工

新采收的榆钱水分较大,容易发热霉烂,应及时摊放在背风阴凉处。切忌暴晒,以免种子失去发芽力。榆树种子不易保存,当种子含水率为 14% 时,在普通环境下用麻袋包装好,一个半月后发芽率则迅速下降。因而采收来的榆钱,首先要精选去杂,把混在榆钱中的草根、树枝、土块、石子等都挑出去,而后过筛,以得到纯净榆钱。

(二)种子贮藏方法

采用室温硅胶干燥法,榆树种子经 15 天处理后,含水量降至 3.73%。

(三)种子育苗技术

应选择有水源、排水良好、土层较厚的沙壤土地作苗圃。播种方法可采用畦播或垄播。播前整地要细,亩均施有机肥 4000~5000 公斤,浅翻后灌足底水。亩播种 3~5 公斤,开浅沟将种子播入,覆土 0.5~1 厘米,覆土过深则种子萌芽出土困难。播种后应稍加镇压,便于种子与土紧密结合和保墒。土壤干旱时不可浇蒙头大水,只可喷淋地表,以免土壤板结或冲走种子。

6～10天出芽,十余天后幼苗出土,小苗长到2～3片真叶时开始间苗,苗高5～6厘米时定苗,亩留苗3～4万株。间苗时及时浇水,幼苗期加强中耕除草。7～8月上旬可追施复合肥10公斤,每半月一次,追施2次,也可施用新型叶面肥。8月中旬以后不可再施氨态氮肥,并要控制土壤水分,以利苗木木质化。

榆树幼苗易受蚜虫危害,虫害初发期可喷洒3000倍吡虫啉防治。榆金花虫可喷洒1500倍高效氯氰菊酯防治。幼苗出土后的一个月内易发生立枯病,幼苗期可喷洒600倍多菌灵或100倍等量式波尔多液预防,每半月一次,连续喷3～4次。

十三、杜松育苗技术

(一)采种与调制

选择15年以上的健壮母树,采种时间一般在10-11月,当球果由紫褐色转为蓝黑色时,即可采摘。用手摘或铺好采种布后,用竹竿振动果枝击落球果。采收的果实先堆放4～5天,待果肉软腐。如果种子量较少,可将球果摊于水泥地上用脚反复搓踩,直至搓烂果肉,取得纯种。若采种量较大,可用碾子或机械进行碾压成碎泥,然后置于水中搅拌,待果肉等杂物浮于水面时捞出杂质,最后取出沉于水底的种子,晾干即可。

(二)圃地选择

应选择地势平坦、排灌便利、土质肥沃疏松的微酸性土壤。育苗地前一年秋翻、整地打床,在秋翻时施入腐熟的有机肥2000公斤/亩;采用高床育苗,床高15厘米、宽1米、长10米,做到床面平整,土壤细碎。

种子播种前需进行催芽处理,用20%的碳酸氢钠水溶液在水温50℃情况下浸种24小时,期间用手搓或棍棒搅动2～3次,然后用清水洗净。在换清水浸48小时,捞出种子后,用0.5%的高锰酸钾溶液消毒处理45分钟,再用清水清洗2遍,捞出后混入3倍于种子的河沙。河沙湿度保持在饱和含水量的60%,再置于20～25℃处进行催芽,并经常翻动。60～70天后转入4℃左右的低温处,待部分种子咧嘴后即可播种。

育苗地宜上一年秋翻整地作床。先对苗圃地用机械进行深耕,耕深30厘米以上,然后平整土地,搂畦作床。在秋翻整地前,施入腐熟的有机肥2000公斤/公顷。高床育苗时,床高15厘米,畦子规格为10米×2米,要做到床面平整、细碎。畦间留50厘米的排水沟,也可以用作作业道。前5天结合灌底水进行土壤消毒,用浓度为2%～3%的硫酸亚铁水溶液均匀地喷洒苗床,或用300公斤/公顷的硫酸亚铁粉末撒入苗床,然后深翻(深度20～30厘米),耙平,然后灌足底水备用。

4月上旬开沟条播,沟深1.5厘米,播幅5厘米、行距15厘米。撒种要均匀,播种量18～20公斤/公顷。播后用消毒过筛后的河沙与腐殖土按2:1的混合比例均匀覆盖,覆土厚度1～2厘米,并及时镇压、浇水,以保证种子土层湿度在田间持水量的60%。由于北方地区春季气候寒冷干燥,风沙大,最好播后用草帘覆盖育苗地,以利苗床保温保湿,促进种子发芽生长。

一般播后20～25天开始出苗。苗木出齐后,于早晚时间要适时进行通风炼苗,经15～20天后揭去草帘,进入苗期田间管理。要加强除草、施肥、灌溉、防寒、防治病虫害等管理措施的施行。

十四、文冠果育苗技术

(一)采种

选择树势健旺、丰产性强、种子含油率高的植株作为采种母树。7、8月间,当果皮由绿色变为黄褐色,种子由红褐色变为黑色时,即可采收。最好熟一批采一批,采果时要防止损伤花芽和枝条。刚采下的果实不要曝晒,宜摊放在阴凉通风的地方,待果实半干或干裂时,剥去果皮,取出种子,再摊放在室内阴干。随采随播时,种子无需处理;如留待来年春播,播前应进行催芽。文冠果种皮坚硬致密,不易透气透水,内含物质转化要有一个相当长的时间。因此,发芽十分困难。为促使其迅速发芽,提高发芽率,保障苗木优质高产,播种前必须对种子进行催芽处理。催芽方法有两种:

一是混沙埋藏。冬季土壤结冻前,先将阴干的种子用清水浸泡4～5天(每天换水1次),选背风、向阳、排水良好的地方,挖深0.3～1米、宽度和长度随种子量而定的平底坑。坑内竖几束草把,以利通气。将种子与2～3倍湿沙拌匀,种沙混合比为1:3,湿度60%,然后将种子与沙的混合物放入坑内,距地面10～15厘米时,用沙填满,再培土略高于地面,翌年播种前10～15天取出,放在背风向阳处摊开,一般厚度为20～30厘米,进行自然催芽。每天翻动3～4次,适时喷少量的水,以保持湿度。晚间堆积在一起,盖上草帘。当10%左右种子萌芽时,即可播种。

二是温水浸种。春播前30～40天,将种子用45℃左右的温水浸泡3天,每天换水一次,捞出放入筐内,上盖湿草帘,放在20～25℃的温暖室内催芽。每天用清水淋洗且翻动1～2次,待种子三分之二裂嘴露白时即可播种,或陆续选出裂嘴种子再分期播种。

秋后未来得及沙埋处理的种子,可在播种前用80%热水烫种10分钟,然后恒温浸种48小时,再捞出种子,混3倍河沙置于26℃的恒温室内,5天后待85%的种子裂口,即可播种。

(二)育苗

选地势平坦、土壤深厚肥沃、排灌方便的沙壤土育苗。育苗前一年秋季将圃地深翻25厘米,早春浅翻,并碎土、耙平,做成高床较好,然后进行土壤消毒,每公顷施农家肥料32500～45000千克。春播在3月下旬至4月中旬。播前5～7天,灌足底水,待水下渗微干后,顺苗床开深3～5厘米的沟,沟距20～30厘米,将种子均匀撒入沟内,覆土厚3～4厘米,然后踩踏一遍,使种子与土壤密接。最好在沟内点播,每隔6～7厘米放一粒种子,种脐要平放,以利发芽出土。每公顷播种量225～300千克。播后床面覆草,保持土壤湿润,20～30天后出苗,然后分次揭去覆草。苗木生长期间要及时松土、除草、追肥、灌水、间苗、定苗,并进行病虫害防治。定苗后保持苗距9～12厘米,1年生苗高可达40～60厘米,每公顷产苗22.5万～30万株。1～2年生苗均可出圃造林。

(三)播种作业及苗木抚育管理

文冠果育苗地要求选择地势平坦、土质肥沃、土层深厚、灌水方便、排水良好的沙壤土。地下水位过高或盐碱地不宜育苗。文冠果种粒较大,适宜点播。在床上开沟,沟距一般为15厘米,深2～3厘米,株距10厘米,每亩播量为30～40斤,覆土厚度2～3厘米,轻轻镇压,适时浇水。一般情况下,播后15天左右开始发芽出土,30天左右方能出齐。为了减少用工,降低苗木成本,也可采取垄作。

(四)根插育苗

选地势高、背风向阳处开挖阳畦,宽1.2米,深0.5米。土壤基质采用土、沙分层,阳畦底面铺一层5厘米厚的洁净河沙,再铺5厘米厚的土(若用隔年的旧阳畦,则需要彻底清除旧基质,刮新表面,并用

0.4%的高锰酸钾或 0.067%～0.1%的多菌灵喷洒消毒)。基质若选用泥炭土和蛭石,成活率更高。

根插穗的选择与采集一般在树木休眠期间进行。选择健壮的幼龄树木或生长健壮的 1～2 年生苗,作为采根的母株,距主干 0.5 米处挖根。秋季采根,要经过越冬湿藏,春季扦插。注意:不要从一株母树上挖根太多。也可用起苗时或起苗后翻出的苗根修剪后使用。

根穗长 10～15 厘米,大头粗度 0.5～2.0 厘米,上端平口,下端斜口,利于扦插。短截时,要求剪口平滑,不能劈裂。

(五)根插育苗的技术要点

插根时间一般在秋季 11 月中下旬进行。扦插时,插根用激素处理下可大大提高插穗的成活率。试验表明:扦插前用 250 毫克/升的 NAA 或 250 毫克/升的 ABT 处理插根基部 30 秒,效果最好,生根率可高达 93.6% 左右。

扦插按株行距 5×15 厘米进行。为防止插条生根前腐烂,可采用 0.05% 的托布津溶液浇灌扦插沟。扦插时以直插为好,扦插深度为上端与地面平,且上切口盖一小堆活土。

(六)插后管理

水分管理:据测定,适宜插条生根的土壤含水量为 60%～80%。根插完毕可按 15～20 公斤/平方米的用量对阳畦喷透水并覆以薄膜,越冬期间补喷 1～2 次小水(喷湿上部沙层即可),以维持适当的含水量至翌年春 3 月。3 月上旬增加喷水次数,每 7～10 天喷 1 次水;4 月上旬,苗高达 15 厘米以上且不封顶时,说明根系已经形成,即可打开薄膜炼苗,此时应增加喷水次数 1～2 次/天,以后依苗情逐渐减少。炼苗期应防雨。然后进入移植阶段。移植前半天喷透水,以便小苗带土出畦。

温度管理:秋季是插穗孕根、生根的重要时期,温度控制是关键。由于温度的季节性变化,秋冬的温度管理采取"控温－保温－增温"的路子。起初畦内温度高,控制不当,会造成早萌芽或抽梢,导致回芽死亡,应根据情况采取遮荫控温措施。进入 12 月份,转入保温阶段,冬季可用保温草帘子昼掀夜盖,以增加生根积温。至翌年春 3 月,温度又逐渐升高,要喷水降温,以免畦内高温灼伤新生苗枝叶。

光照管理:从扦插后到翌年抽梢之前不需要光照,黑暗条件下更利于愈伤组织的产生。遮荫、覆盖既能调节温度,又能防止光照。当幼苗长到 10 厘米以上时,再逐渐增加光照,直到全光炼苗阶段。

十五、虎榛子育苗技术

(一)播种育苗

虎榛子的种子千粒重为 17.07 克,播种前用 60～70℃温水浸种,搅拌使水降温至 10～20℃为止,再浸泡 24～48 小时,当种子膨胀后捞出播种。在苗床上条播,深 3～4 厘米,行距 20～25 厘米,覆土厚度 2～3 厘米,播种量 10 公斤/公顷,播后 10 天出苗。当苗高 3～4 厘米时间苗,1 年生苗高 40～50 厘米。造林多分根造林和植苗造林。

(二)提前整地

为保证建园质量和提高成活率,在选好地块的基础上,必须提前整地挖坑,且在栽植前一年的秋季完成,坑直径 70～80 厘米,深 65～75 厘米,每坑施 25 公斤腐熟农家肥,其上放一些秸秆,表土回填。栽植密度 2 米×3 米,要配置授粉树,一般建园栽植 5～6 品系。

(三)植苗

用压条法培育苗木,要选用Ⅰ级苗木,侧根数不少于2条,地径0.51~0.61厘米,苗高72~85厘米,木质化好、无病虫害、良种壮苗,可大幅提高产量和成活率。栽植时间5月中旬,栽植前要将苗木用生根粉浸泡20小时,栽时要将苗木放在坑正中,将根系舒展开,轻提苗木使其根系与土壤密接,边覆土边踩实,不透风。栽植深度不超过苗木地径处3~4厘米,不能深栽。栽后在苗木周围做土埂,浇透水后再覆膜。定干一般分为单干形和丛状形,土肥好的地方宜单干树形,定干高度65~75厘米,反之做成丛状。定干35~45厘米,要有足够的饱满芽(保留7~8个)。当年定植的幼苗,要加强水肥管理,使其生长健壮,萌发一定数量枝条,木质化良好。秋季落叶后,当年要培土御寒,培土高度达植株的二分之一即可。翌年春季除去防寒土。

十六、黄刺玫育苗技术

(一)扦插育苗

(1)插穗的选择与剪取。于6月上中旬剪取当年生、半木质化枝条,然后剪取上部幼嫩部分,将下部叶片摘除,只留上部1~2片复叶,立即浸泡入清水中,以保持插穗湿润。

(2)搭设阴棚,做好苗床。育苗地搭设2~2.5米高的阴棚,一般上覆苇帘或幕网,起到遮阴的作用,防治夏季阳光直射,影响插穗成活率。在高架阴棚下,按宽1米、长5~10米,做好插床。插床四周用砖围起,中间铺以过筛的大粒河沙,铺沙厚15厘米,然后用0.5%高锰酸钾溶液消毒后备用。

(3)扦插。扦插前,插穗基部2~3厘米浸蘸100~150毫克/千克的α-萘乙酸溶液1~2小时,在激素作用下有助于促进发新根。扦插床在扦插前应充分浇透底水,使插床湿沙保持饱和含水量的60%左右(即湿沙手握成团,潮润但不出水为准)。扦插插穗时的植株行距为5×5厘米,扦插深度3~5厘米,以插穗不倒为准。扦插后立即浇水,使插穗与湿沙密切接触。扦插后,立即用特制的可移动的钢筋拱形架(拱形架高度0.5米、长度2.5米左右),摆放在插床上,然后覆盖上塑料薄膜,周边用砖压上,形成塑料拱棚,温度保持在25~30℃,棚内相对湿度保持在80%以上。

(4)插床苗期管理:①浇水。为保持插床湿润,每天上午揭棚浇水、放风,通风换气有利于降温,保持温度18~20℃。用细眼喷壶浇水,保持插床湿润,上面阴棚覆盖,避免阳光直射。在温度、湿度、通风、光照适宜的条件下,扦插的插穗3~4周生根。

②施肥。为促进扦插苗迅速生长,可追施硫酸铵两次,每次每床0.2~0.25千克,稀释成0.5%水溶液追肥。隔半个月后再追施一次,施肥后用清水冲洗,以免烧伤幼苗茎叶。为促进苗木充分木质化,最后一次在8月初追施一次磷钾肥,每床追施过磷酸钙0.5千克。每次追肥后皆可浇水,以利苗木根系对养分的吸收,充分发挥肥效。

③及时除草。苗期结合每次揭棚通风换气、浇水时,及时清除杂草,防治杂草危害和养分的无效消耗。

(二)播种育苗

黄刺玫种子的催芽时间较长,从5月下旬处理至翌年春季结束。具体方法:选择地势较高、排水良好、地下水位较低的地方挖坑,深度10~15厘米,宽度一般以100厘米左右为宜,长度随种子数量而定,坑底铺20厘米厚的湿沙。将种子用60~70℃的温水浸泡,浸种后用0.5%硫酸铜(或0.5%高锰酸钾)溶液浸泡2～3小时,用清水冲洗后捞出。将种子与干净的河沙按1∶3混合(沙能握成团而不出水为准),在低温的清晨放入坑内,放至坑沿20～25厘米时为止,同时要在坑内每隔50～100厘米处插一个通气设备,然后在种沙上覆盖20～30厘米厚的湿河沙,顶部形成脊状,沙上覆草帘,四周距坑沿50厘米处挖排水沟。

埋藏后要经常检查坑内温、湿度的变化,如升温过快,应检查种子是否霉烂。到翌年春季气温升高时,隔几天即要测一次温度,并检查种子催芽的程度,防止种子催芽强度过大。如未达到要求,可在播种前5～10天把种子取出进行高温催芽。当种子有30%裂嘴时即可播种。

为了使苗木有充分的水分,提高其成活率,在其发根前,要尽量保持床面湿润。晴天早晚各喷一次水,发根后可以两三天喷一次水,若遇高温干旱季节,每天喷一次水。由于根系不太健全,吸收力及抗逆性弱,当年幼苗在高温干旱的环境下一旦缺肥,苗木就会封顶或产生枯黄现象。所以要加强叶面喷肥,施肥要以"薄肥勤施"为原则,不可一次用量过大,每15天一次,以免烧苗。结合施肥及时进行除草松土,以防土壤板结。

十七、山刺玫扦插育苗技术

采集当年生、半木质化的嫩枝条,按10～15厘米剪截,上端距芽1厘米剪成平口,下端剪成斜口,剪去叶片的1/3。插条剪成后,用ABT生根粉药剂浸泡0.5～1小时,深度2厘米。基质选用细炉灰渣或洁净河沙,插前分别铺入床内整平,厚度6～10厘米,灌透水。扦插深度5～7厘米,斜插。扦插时间为7月上旬,插后埋好,及时喷水于叶片上防萎蔫。插床采用塑料拱棚和喷水来保温保湿。拱棚外架设苇帘遮荫,以免强光照射。地温控制在20～25℃,湿度85%～90%,保持叶面湿润。使插条叶面能经常覆盖一层水膜,由于这层水膜降低了叶片内部的温度和蒸腾强度,保持插条水分平衡,有利于迅速生根。但是,过多的水分容易降低扦插基质的温度、减少基质的透气性,不利于生根。在温、湿度控制中,温度是关键。7月份扦插时,在塑料拱棚的条件下,注意防止温度过高,可用喷水和通风的办法降温,若插条已生根,要注意控制湿度。必须具备良好的遮荫设施,架设苇帘以避免阳光直射,对插条遮荫并给以适当光照,以利插条生根。

十八、海红育苗技术

播种前3天对苗圃地灌水,隔天深翻,深度25～30厘米,紧接着耙磨作畦。结合整地每公顷施农家肥3000～5000公斤,混施50公斤碳酸氢铵或二胺80～100公斤;或1份磷肥与2份碳酸氢铵混合,混合后每公顷施100～150公斤。整平地后即可作畦。畦宽1米、长10米,平畦育苗,畦向南北排列,阳畦则东西向排列。根据种子质量、播种方法和育苗量确定,一般撒播用种量为1.5公斤,条播为1.2公斤左右。播后出苗前不补水,以防土壤板结,降低地温,不利出苗。播后用秸秆覆盖,减少水分蒸发,待幼苗出土后,及时揭去覆盖物。中耕除草,减少蒸发,提高地温,促进植株生长健壮。早间苗,晚定苗,选优去劣,保证苗全苗壮。在幼苗迅速生长期,要及时灌水追肥,使砧木苗在嫁接适期,达到所要求的高度及粗度。如高度达到要求后,对先期达到高度要求的砧木苗应及时摘心促其茎干增粗。芽接前1周,如天气干旱,应及时灌水,以提高嫁接成活率。对实生苗,9月上旬以后应控水控肥,必要时摘心,促进苗木生长成熟、整齐,提高抗寒性。

十九、山杏育苗技术

对土壤要求不严,深厚且微酸性土壤生长良好,忌选低洼积水或土壤含盐量较高的地块作为育苗地。选择地势平坦、土质肥沃疏松、排水灌溉条件好的地块作为育苗地。播种一个月前进行全面整地,深翻30~40厘米,结合深翻,施硫酸亚铁150公斤/公顷、有机肥,以及充分发酵的农家肥2250~3000公斤/公顷,育苗地深翻后耙平,苗床长度依育苗地而定,高20厘米,步道宽30厘米左右。一般在4月上旬土壤解冻后进行种植,采用条播,播前灌水造墒,按30厘米行距开沟,深度约5厘米,一边开沟一边撒种,播幅8~10厘米,覆土厚度3厘米左右、行距30厘米,播种量为1500~1950公斤/公顷。播种时将种子均匀撒入沟内,镇压后灌溉。秋播一般在10月上旬进行,种子无须催芽处理,采用条播,行距30厘米,播种量为1500~1950公斤/公顷,方法及要求与春播相同。秋播后要灌足冬水。春季播种15~20天幼苗出土,四五片真叶、苗高10~15厘米时要及时定苗,留优除劣,拔除弱苗、密挤苗。留苗要均匀,发现断垄缺苗应及时移栽补苗,苗量以75万~270万株/公顷为宜。要保留当年生苗高平均可达60厘米。山杏苗耐旱喜水,出苗后应适时浇水,保证苗木正常生长。山杏苗喜透气性土壤,全年要及时松土锄草5次,增加土壤通透性,保持土壤墒情。6—8月杏苗进入生长旺期时要追肥。8月底前停止灌溉和施肥,以防苗木徒长,造成越冬干梢。

二十、山桃育苗技术

山桃育苗对苗圃地要求不严,忌黏重土壤和积水地。播前要深翻土壤,施足基肥,整地做床。旱地育苗可做平床或低床,水浇地可做高床或高垄。山桃育苗多在秋季10月中旬至11月上旬进行。春季育苗在3月中下旬至4月上旬进行,但要对种子进行90~120天的沙藏催芽。播种前要灌足底水,水渗下1~2天后将畦面整平耙细,开沟播种,行距25~30厘米,株距5厘米。秋播覆土6~10厘米,春播覆土5~9厘米,旱地覆土稍深,水浇地覆土稍浅。播种量100~125公斤/公顷,产苗量2万~3万株。春季播种后40天开始出苗,经常延续1月左右,在此期间应注意保墒。幼苗出齐后及时中耕除草,有条件时可浇水,7月份追肥1次。

二十一、杠柳扦插育苗技术

选土地肥沃疏松、排灌方便的沙壤土作苗圃。深翻土地时,放足底肥;土壤黏重时,掺入适量河沙。底肥品种最好为腐熟的有机肥15000~30000公斤/公顷,播种前4~6天,最好用除草剂全面喷施,还可结合撒15~22.5公斤/公顷氯丹粉农药,然后纵横耙地,要细碎平整为佳。采用南北走向的高床,床高15~20厘米,床面宽60厘米,步道宽40厘米;做床时一定要做到床面平整,床面土壤细碎。采用宽0.8厘米、厚0.15毫米的透明聚乙烯地膜,均匀地平铺到床面上,做到平展无皱,紧贴地面,封严压实。扦插枝条粗度1厘米,剪成15厘米长,直插入土,地上留1厘米,塌实。后覆盖塑料薄膜,新梢长到10厘米后取掉塑料薄膜。

二十二、蕤核育苗技术

采集的种子要及时用手捏挤果实中的种子或打浆脱皮洗净种核,用清水漂洗,再用水选或风选除去劣质种子后,将饱满种子晾晒制干贮藏,严禁堆积发酵,以防种子发霉腐烂。催芽时将蕤核种子倒入清水中浸泡,每天换水1次,使其充分吸水7天后即可播种。种子消毒时,用3%高锰酸钾溶液浸种30分钟,取出再用清水冲洗几次后播种。开沟点播时,沟距15厘米左右,株距7~10厘米,沟深6~8厘米,播种量为150克/平方米左右,然后覆土2~3厘米,并注意覆膜。在地膜表面每隔2~3米从中央横向压好土带,使地膜化整为零,可有效避免被风刮开。一般10~15天可出苗,出苗后及时将苗上方的地膜开一适度小孔通风,逐步炼苗,产苗量60~70株/平方米。当苗木生长正常后,使其从地膜中露出,并在根部培土保墒。生长期追肥1~2次,施硫酸铵6~10克/平方米,每15天左右叶面喷1遍0.3%磷钾肥,并及时防治病虫害。当苗高30厘米时摘心,促进增粗和成熟,为营造水土保持林培养一级壮苗。

二十三、百里香育苗技术

可用种子繁殖和分株繁殖。①种子繁殖法:春季3-4月播种育苗。由于百里香种子细小,育苗地一定要精细整地,土要细碎平整,然后稍加镇压,浇水后撒播,然后覆盖一薄层细土,并支起小拱棚盖塑料薄膜以保温保湿。经10~12天出苗,气温适时揭膜。苗期应注意保持土壤湿润并要剔除杂草。当苗高10~15厘米时可直接按行、株距(30~45)厘米×(25~30)厘米定植于大田,栽后浇水。②分株繁殖法:选3年生以上植株,于3月下旬或4月上旬尚未发芽时将母株连根挖出,然后根据株丛大小,分成4~6份,每一株丛应保证有4~5个芽,即可栽植。另外还有分簇繁殖法,即在生长期间,将匍匐茎切断后移栽。定植后应立即浇水,并要注意保持土壤湿润,直至出苗。生长期可每月浇水1次,并要及时中耕松土,雨季应注意排水。结合浇水,可根据生长情况追施尿素1~2次,每次每亩用量5公斤左右。冬前浇越冬水后培育腐熟的干粪肥,并培土,以利越冬。

二十四、桃叶卫矛育苗技术

在播种前40~50天,将种子用干净冷水浸泡2~3天,每天换水1次,2~3天后捞出种子;再浸入0.5%高锰酸钾溶液中消毒3~4小时,然后捞出;再用清水洗净药液后将种子混入3倍体积的干净湿河沙中,置于10~15℃温度下保持60%的湿度,40天后种子开始裂嘴,待有1/3种子裂嘴时即可播种。①选地和做床:播种地应选择土壤疏松、表土深厚、酸碱度适中、水源充足、灌溉方便、排水良好的沙壤土及壤土地块。在播种前1年秋季要对播种地进行翻地,翻地深30厘米左右。在播种前10天左右开始施肥和耙地,然后做床。苗床长20~30米(或依地形而定)、宽10厘米、步道宽50厘米、苗床高15~20厘米(应根据土壤、地势、气候而定,低洼地苗床可稍高一些,干旱地、岗地可低一些)。床面土要精耕细作,充分打碎土块,耙细整平。苗床做好后浇1次透水,待水渗透、床面稍干时即可播种。②播种:一般可采用床面条播方法,播种量20克/平方米,7.2公斤/亩,覆土厚1.5厘米,镇压后浇水,床面再覆盖细碎的草屑或木屑等覆盖物,保持床面湿润。③苗期管理:一般种子播后15天左右即能发芽出土,幼苗需稍遮阳,否则易受日灼。当苗木长到2厘米高时进行第1次间苗,留苗200株/平方米;当苗木长到4~5厘米高时定苗,留苗150株/平方米。定苗后要及时浇水,逐渐撤除遮阳物,以后要适时除草和松土。对蚜虫及各种食叶害虫,可用乐果、敌敌畏500~1000倍液喷杀。苗木可按一般苗木管理,无特殊要求,易成苗。

二十五、蒙古扁桃种子育苗技术

育苗前一年秋季进行深翻整地,入冬后灌足冬水。可采用高床、平床和大田育苗。春季4月中、下旬土壤解冻20～30厘米时即可做床。做床前均匀施入腐熟的有机肥1～2公斤/平方米,做成宽0.8～1米的平床或宽0.8～1米、高10～15厘米的高床;大田育苗时,可将育苗地做成2米×(4～6)米的畦,以方便育苗地的管理。土壤消毒用3%硫酸亚铁溶液喷洒土壤,用量为9～10升/平方米。蒙古扁桃的千粒重约为400克,室内发芽率为48%左右,播种量大致为32克/平方米、约80粒种子。待苗床土壤松散时,按照10×25厘米的株行距进行穴播,每穴2粒种子;也可采用条播,开深2～3厘米的沟将催芽后的种子按5厘米的距离均匀点入沟内,沟距为25厘米。覆土2～3厘米后稍镇压,再覆盖2～5厘米厚的麦草保湿、保温,待苗基本出齐后揭草浇水。春播在土壤解冻后,一般在4—5月进行,播种时采用催芽后的种子。秋播在入秋后进行,宜早不宜迟,10月1日前后播种,播种时采用消毒后的种子,不进行催芽。播种后13天陆续出苗,当小苗出土50%～70%时,撤掉覆盖物,如果有条件可按1～1.5米高的棚架,用苇帘、遮阳网遮阳;土壤干旱时浇水,保持土壤湿度30%～40%;及时松土除草,为了防止苗木叶枯病,在苗木展叶后喷100倍波尔多液,每周喷一次,连续2～3次。待苗高5～6厘米(长出2～4片真叶)时可撤掉遮阳网进行炼苗。

二十六、柽柳扦插育苗技术

一般做平床,床面长6～10米,宽2～3米,浇水翻耕整平即可。于4月中旬采集柽柳一年生枝条,粗1厘米左右,截成长20厘米的插穗,每50根捆成一捆并绑扎好,放在水池中浸泡3～10天即可扦插。扦插可采用春插和秋插,方法大同小异。与杨柳扦插方法类同。株行距可采用15×40厘米。春插在4月下旬比较合适,秋插在10—11月封冻前较适宜,扦插后浇一次透水,6～7天后,松土一次,把插穗基部的空隙顺便用土填实,有利于提高成活率。每10～20天灌溉一次,并随时松土除草,待苗扎根后,可适当减少浇水次数,直到苗木出圃。

二十七、白刺种子育苗技术

苗床育苗和大田式育苗都可以。一般多采用大田式条播,便于松土除草和机械化作业,节省劳力。播前,没有灌过冬水的土地,必须灌足底水。待水渗下、土壤松散、能够播种时,用撅头开沟播种。经试验,开沟复土深度以2厘米为宜,复土过深会大大影响场圃发芽率。播种沟的宽度以撅头的宽窄确定,一般为8～10厘米、沟距30厘米比较合适。从播种到出苗为时较长,土壤表层容易干燥。因此,播种复土后要轻轻镇压一次,使种子与土壤密接,防止风干,而且便于接上底墒。必要时,还需在出苗前小水漫灌一次。总之,幼苗出土前,圃地表层必须湿润。一般每亩播种量为去掉果肉的硬核种子15～20公斤或带果肉的干核果20～30公斤。白刺苗期管理主要是浇水、追肥、松土、除草。因此,在幼苗生长初期,即幼苗生长出三四片真叶后,应浇一次水,并结合浇水追施适量化肥。7—8月份是幼苗速生期,需要水分和营养物质最多,这期间至少应浇三次水,再结合浇水追施化肥一次。浇水以后要及时松土、除草。施肥与否对幼苗生长的影响很大,应予注意。8月下旬以后生长停滞,一般不再浇水、施肥。

二十八、绵刺种子育苗技术

选择疏松、渗透性强的泥炭、腐熟羊粪、细沙(比例为 2∶1∶1)混拌物为播种基质。圃地播种时选择上足底肥的沙壤土。4 月上、中旬温度日渐升高,是播种最佳时间。春季干燥、风大,圃地播种,地墒很难掌握,对于种粒细小、来之不易的绵刺,于室内采用泥盆点播效果更好。播前基质整平、用水阴透,将处理过的种子逐个点播,后及时覆薄沙 0.3~0.4 厘米。播后播种盆要用塑料压盖严实,以提高盆内温湿度。播后不需喷水,绵刺出苗期是 6 天,2~3 天出齐苗,出苗率为 90% 左右。盖盆塑料待出苗率 50%~60% 时揭去。幼苗要严格控制喷水量,在未移入大田时必须用喷雾器喷水,并视基质情况每 4~5 天喷透水 1 次,长出 3~4 片真叶时可延长喷水间隔期。水量过多过勤,幼苗死亡率很高。出苗 5~7 天后移入通风处炼苗见直射光。5 月中、下旬将小苗置于室外,这一时期应严格管理,幼苗绝不能被雨水冲打。

二十九、丁香种子育苗技术

苗圃地应选择排灌水方便、土质疏松、肥力好、较干燥的沙质土壤。苗床应做成长 10 米、宽 1.2 米、高 15~20 厘米的高床,底肥施碳铵 150~225 公斤/公顷,或磷酸二胺 150~300 公斤/公顷、农家肥 30~45 吨/公顷,同时在播种前 7 天内进行土壤消毒,一般可施硫酸亚铁 150 公斤/公顷,或退菌特 150~225 公斤/公顷。春播时应选用森林土(黄土)、细沙、锯末按 4∶1∶1 比例混合的覆土进行覆盖,覆土厚度一般为 1 厘米左右,不宜过厚或过薄,否则会影响出苗。覆土混合前要碾压过筛,拣净杂物,再混入复合肥 2~3 公斤/立方米、过筛后的有机肥 25 公斤/立方米、硫酸亚铁 0.5 公斤/立方米,并用 1% 高锰酸钾或 1% 福尔马林进行土壤消毒。秋播种子不必处理,采种后即可在 10 月下旬播种,播幅宽 8 厘米、行距 20 厘米、沟深 3.5~4.0 厘米、覆土厚度 2.0~2.5 厘米。播后秋灌,以利保墒。翌年春发芽早,出苗也整齐。春播处理过的种子要经过催芽,有 30% 的种子裂嘴露白,4 月下旬可开始播种,技术同秋播。在丁香出苗期和幼苗生长期要多次少量勤浇水,保持营养湿润。速生期应量多次少,后期特别是入秋以后要控制浇水。

三十、连翘种子育苗技术

采用冷水浸泡处理法来处理种子。苗地应选择地势平坦、通风、向阳、土壤肥沃、交通便利且具有良好灌溉条件的沙壤土育苗。播种前施入腐熟有机肥 3 万~4.5 万公斤/公顷,并撒入硫酸亚铁粉末 800 公斤/公顷进行土壤消毒,然后耕翻,深度不得低于 30 厘米,耙平后做成大畦,规格为:长×宽×高=5 米×5 米×0.2 米,畦间留 0.4 米的排水沟,也可兼用作业道。早春开沟条播,沟深 5 厘米,播幅 8 厘米,行距 30 厘米。沟底要平,深浅一致且端直。撒种要均匀,不漏播、不重播,及时镇压并用杀虫消毒后的腐殖质土覆盖 2 厘米,每亩下种 7 公斤。

三十一、中麻黄种子育苗技术

育苗地要避免选择黏质土壤,以选择砂土和砂壤土为宜。做育苗床前要施基肥及进行苗床消毒。基肥种类为腐熟有机肥及磷酸二铵,用量分别为 45 立方米/公顷、300 公斤/公顷。消毒一般在播种前 15 天进行,药剂为 2%~3% 硫酸亚铁溶液。同时,结合深翻,将多菌灵 15 公斤/公顷或代森锰锌

15公斤/公顷及60%甲拌磷水剂3750毫升/公顷均匀施入。苗床做成宽0.8～1.0米、高10～15厘米的高床,2个床间留宽30～35厘米的浇水及管理步道。做床后灌足苗床底水,播种前将床面整平。大田播种时,播种时间为4月下旬至5月上旬。所采用的播种方式同大棚播种,播种深度1.5～2.0厘米,播种量225～270公斤/公顷。播后在床面覆盖保湿无纺膜。出苗后逐步揭除床面覆盖保湿无纺膜。在出苗后30天内,可以将65%代森锌可湿性粉剂800～1000倍液、50%多菌灵可湿性粉剂1000～1200倍液交替喷施,喷药时间间隔为7天。育苗过程中要正常进行中耕、除草。一般产苗量为150万～180万株/公顷。

三十二、内蒙野丁香穴盘播种育苗技术

用灭菌锅对原生土和蛭石进行消毒,再用800倍多菌灵冲洗穴盘,再用清水冲洗2～3遍,于穴盘中装填混合基质(原生土和蛭石的比例为2∶1),压实,浇透水。采用点播式播种,每穴2粒种子,播后覆盖蛭石约3厘米。播种后于穴盘上覆盖一层湿纸,再覆盖上塑料薄膜,环境温度15～25℃。出苗后揭去湿纸,在穴盘上方搭塑料薄膜棚,环境温度13～23℃;播种10～14天后,每天下午5点～次日上午8点搭塑料薄膜棚,播种15天后不再搭棚。以后逐渐增加光照,降低温度与水分供给,在保证幼苗正常生长的前提下降低基质含水量。幼苗真叶开始发育后,对其进行接触性刺激。当幼苗第3、4片真叶发育时,环境温度保持在13～24℃,每周喷洒一次0.3‰磷酸二氢钾。播种后1～6天保持湿度接近100%,温控在15～25℃;第7～17天温控为13～23℃,保持基质湿润,增加光照,但强度不宜过大;第18～31天需要基质相对干燥,以维持发育期的水分平衡为宜,温控仍为13～23℃,自然光照即可满足幼苗生长需要。

三十三、刺叶小檗育苗技术

采集的成熟果实揉搓除去果肉,用水冲洗多次,取出种子阴干。将种子用沙藏方法处理(种子和湿沙的比例为1∶6),春季播种前10天取出,用0.5%的高锰酸钾溶液浸泡2小时后,放置在15℃环境中催芽,待种子有40%露白时开始播种。播种后用蛭石覆盖。保持湿度70%左右,温度22～25℃。幼苗时期在潮湿环境中极易感染灰霉病,幼苗出齐后要积极预防。方法是:及时通风,降低温室内湿度,叶面喷施0.3%的多菌灵溶液,每2周喷1次;苗木出齐后20天,喷施氮、磷、钾比例为7∶9∶9的0.3%溶液;进入速生期,喷施氮、磷、钾比例为12∶6∶7的0.5%溶液,每周喷1次。

三十四、辽东栎育苗技术

选通风干燥的室内或棚内,先铺一层沙,接着铺一层种子,厚度8～10厘米,如此一层沙、一层种子堆上去,堆的高度不超过0.7米。也可将沙和种子拌在一起堆藏。但无论哪种,堆的中间都必须间隔竖立草把,以利通气,防止种子发热霉烂。播种前要对土壤进行消毒处理,一般用黑矾375～750公斤/公顷,并施足底肥。播种一般采取筑床秋播。株行距10×20厘米或15×15厘米较好,即每隔15～20厘米开一条播种沟,深6～7厘米,沟内每隔10～15厘米平放种子2～3粒。发芽率90%以上的种子,播种量为2625～3000公斤/公顷,可培育壮苗(平均高40～50厘米,平均地径0.6～0.8厘米)225000株/公顷左右。幼苗出土前后,必须保持苗床一定温度,要注意灌溉和松土除草,每次大雨

后,必须在苗床上加盖一层细肥土,以补充土肥流失。在施足基肥的基础上,因地因苗适时追肥,第一次在6月上、中旬生长旺期,第二次在7月下旬左右,即第一次新梢生长基本停止时追加,以提供孕育二次新梢的养分。为促发须根,可在幼苗长出2～3片真叶后,用利铲将其主根在20厘米深处切断,以后栽时应尽量多留根系,仅对太长的主根适当进行修剪。适当深栽可提高成活率。

三十五、花叶海棠育苗技术

将采集的种子进行沤腐,当果肉全部腐烂后取出种子,晾干,精选后放置在通风干燥处保藏。播种前用0.3%高锰酸钾溶液浸种20分钟,捞出后用清水洗净后,拌沙播种。育苗地设在农田中,将地整平后施入腐熟农家肥45立方米/公顷、二铵300公斤/公顷、50%多菌灵可湿性粉剂45公斤/公顷,深翻30～50厘米。做床前先灌一次透水,待土壤疏散时做床。苗床为平床,苗床宽0.8～1米,长度依地势,每床间留宽30厘米的管理步道。花叶海棠应采用条播,播种时间为4月15日—5月15日之间。播种量应在5.5～7.5平方米之间。播种深度应在0.5～0.8厘米之间。

三十六、盐爪爪育苗技术

播种前用0.3%高锰酸钾溶液浸泡10分钟,然后用清水冲洗干净,再用5倍量细沙拌匀后备用。干旱地区盐爪爪育苗的最佳育苗方案为:采用宽条播(沟宽10.0厘米左右)、播种量为109.5公斤/公顷、播种时间为4月底至5月初、施肥量为525公斤/公顷(二铵)、覆土厚度为0.5厘米左右。

三十七、白蜡育苗技术

如果翌年春季育苗,则用湿藏法贮藏种子。白蜡适应性强,喜光、喜水,因此,白蜡育苗地应选择地势平坦、通风、向阳、土壤肥沃且具有良好灌溉条件的沙壤土。播种前施入腐熟有机肥30000～45000公斤/公顷,并撒入硫酸亚铁粉末800公斤/公顷进行土壤消毒,然后耕翻,深度不得低于30厘米,耙糖平整后,做成大畦,畦的大小以能均匀浇水为度,不能过小,畦过小、步道过多,土地利用率低。

也可垄作。白蜡种子发芽时间较长,应适当早播。播种时,顺畦开沟条播,沟底要平,行距25厘米、沟深2厘米,均匀撒种后覆腐殖质土盖种2厘米左右,深度以不见种子为宜,且必须均匀一致,太厚则种子不易顶土出苗,太薄则种子易因干旱失水,不利出全苗。垄作每垄播2行,行距12～15厘米,播幅宽度3～6厘米。因其侧根较发达,播种不能过密,播种量为150～195公斤/公顷。苗期要经常保持土壤湿润,夏季高温季节要勤浇水,或播后在床面覆草,待出苗后分次揭去。雨后或浇水后要松土除草,行间草要结合松土进行,株间草要用手拔,坚持"除早、除小、除了"的原则。

三十八、互叶醉鱼草育苗技术

互叶醉鱼草的春季育苗时间在4月中旬进行,土壤处理与其他育苗方法相同(施杀虫药剂和底肥)。细致整地,充分破碎土块,耙细搂平,并要使整好的床面"上虚下实"待播。播种采用落水播或水压沙方法播种。播种方式采用平床育苗方式,不必开沟,撒播或条播均可,下种量75公斤/公顷。撒种要均匀,防止下种不匀造成簇状出苗或苗床空白断行现象。水压沙播种后即可出苗,落水播后要在土不粘工具时浅搂地表松土,防止地表板结。圃地杂草要及时拔除,防止造成草荒影响出苗。无论哪种播种方法,天旱缺水时要及时灌溉补足水分,以利幼苗出土。互叶醉鱼草也可在秋季(8月初)播种,10月底幼苗已出4片真叶,苗高约1厘米,翌年按留床苗进行管理,秋季即可出圃。

三十九、华北驼绒藜育苗技术

在进行播种时必须先去杂质,平铺晾晒时用碌碡轻压后过筛处理(使用15毫米孔径的铁筛),即可得到纯净种子,然后放置在水中浸泡2.0小时后捞出与细沙土拌匀备用。华北驼绒藜应选土壤肥、地势缓、地面平、通风向阳且水源足的地块作为育苗地,育苗地深翻20厘米,做畦面积25平方米左右的长方形为好,每公顷施磷酸二铵150公斤、农家肥3000公斤,然后浅耕,最后精细整地、浇足底水即可播种。通常在4月下旬—5月上旬直播,行距20~30厘米,开2.0厘米深的沟将种子均匀撒入,覆土1.0厘米轻压,每公顷用种量为1.35~2.50公斤。种子发芽要求土壤湿度要高,因而播种时要准确抓住土壤墒情、掌握好土壤的湿度。干旱时要细致整地,将地块耙平待雨后播种。条状地块适宜点播,全耕翻的宜撒播。通常播种后2天即可发芽,3天出苗,5天出齐。在出苗前,为避免土壤板结影响出苗率,要对育苗地连续喷水,当苗高大于5.0厘米时进行浅灌,苗高大于15厘米时锄草以利于其生长,随后结合定苗进行锄草、追肥(每公顷为6.50~8.0公斤氮肥),第三次锄草结合定苗,每公顷留苗6.0万~8.0万株。

四十、大果榆育苗技术

播种时可采用两行带状条播或等距条播,播种时间可在5月下旬。在播种之前,用冷水将种子浸泡1天,捞出后将种子与沙子按1:2比例混合,适时喷水保持湿润,待种子露白时播种。播种量为每亩播去翅后纯种2.5~3.5公斤。在床面上开条距30厘米、深2~4厘米的播种沟,将种子均匀播撒于沟中,然后覆土,厚度在1~1.5厘米为宜,然后用草帘将床面覆盖以保持床面湿润,防止土壤干燥。种子发芽期间要使土壤保持湿润,待幼苗出齐后,要在傍晚或阴天将覆盖的草帘去掉。浇水次数视降水量而定,一般每隔7~8天灌水1次,每次要浇足浇透,浇水时间以早晚为宜;进入8月份则应该不旱不浇,浇则浇透。然后进行间苗,之后可追施尿素2~3次,每次每亩可施尿素10~15公斤,施后应立即浇水。苗期除草一般不少于5次,应适时松土,深度可在3~5厘米。

四十一、长叶红砂(红砂)育苗技术

硬枝扦插育苗: 春插在4—5月进行,老枝、嫩枝均可。选用1年生以上健壮枝条,长15~20厘米,直插于苗床中,插穗露过土面2~3厘米,到5—6月即可生根,成活率可达95%以上。平时若稍加管理,并适当浇水、施肥,1年生苗木可高达5~8厘米以上。

嫩枝扦插育苗: 红砂嫩枝扦插育苗的关键技术是扦插时间,气温和插床的湿度。插穗应当在树枝发芽后生长40~60天,待嫩枝贮藏了足够的养分,日平均气温达到25~35℃时扦插,此时扦插成活率较高。一般在7月初扦插,10天左右插穗即可开始生根,成活率可达90%。

四十二、沙棘育苗技术

(一) 采种

冻打采集：冬季沙棘果实冻结以后，选择冷天早晨，先将树冠下进行清理，然后铺放布单或塑料薄膜等，用竹竿或较轻的木棍敲打果枝，因果柄受冻后很易脱落，将果实震落收集。采后的果实带回放在容器中将其捣碎，加水搅拌冲洗，使果肉浮出，过滤杂物，晾干后得纯净种子，即可贮藏。

剪枝采集：用镰刀或剪枝剪取附有果实的小枝。不剪大枝，以免沙棘资源遭到破坏。也可结合整枝、砍柴、平茬时进行采集。将果枝剪下收集起来，放在场院里，用木棍敲打果实，使果实脱落后收集起来，然后用碾子将果实碾过，放在清水中浸泡，揉去果皮、果肉，再用清水淘洗1遍，除去杂质，捞出种子，晾干贮藏。

(二) 苗木的培育

常用的育苗方法有播种育苗、扦插育苗和插根育苗等多种。育苗前应做好以下几方面的工作：①选择育苗地。②整地。③施肥。施肥时间应在第二年结合春耕进行，施腐熟的农家肥37500～60000公斤/公顷，或施坑塘泥150～187.5吨/公顷，再加磷酸二铵188～225公斤/公顷作为底肥，效果更好，施底肥10厘米深左右为宜。应集中施用，如做垄时施于垄底，做床时按行施，但要注意将肥料和土掺和均匀，以免烧根影响出苗。④做床。在干旱多风地区，春季育苗时，一般在播种前3～5天把床做好。根据气候、土壤条件的不同，可采用高床、低床或弓形床。高床适用于雨量较多和排水不良的地区，低床适用于降水量较少的干旱地区，弓形床便于地膜覆盖。

(三) 育苗及播种法

播前要精选种子，选择沙棘种子时应注意种子要新鲜，没有病虫害。

沙棘播种，在春、夏、秋三季均可，但以春季为宜。春季在土层5厘米深处温度达9～10℃时，沙棘种子就可以发芽，以土温14～16℃时播种为适宜。秋季播种时，一般要晚些，以防种子发芽易遭霜害。秋季播种不需要催芽，只播干种子。一般播种量为60公斤/公顷，可产成苗82.5万株/公顷左右。播种量以52.5～67.5公斤/公顷为宜。沙棘播种前应做好浸种催芽。催芽时先用0.5%的高锰酸钾水溶液消毒2小时，然后再进行催芽处理。主要方法为混沙处理，即用40～60℃的温水浸泡1～2昼夜捞出，按1∶3的比例混入湿沙，堆放在背风向阳处，用塑料薄膜或芦苇席、草帘等物覆盖增温，保持一定温度，播前5～6天，每隔1天翻动1次，以后每天翻动1次，约10～15天。当30%～40%的种子裂嘴时即可播种。或直接装入麻袋，置于背风向阳处或热炕上，每天翻动1～2次，并用冷水淘洗一次，保持一定温度，经过5～6天，当有30%～40%的种子裂嘴时即可播种。

播种时，为利于苗木生长和便于管理，沙棘应采取大行距、宽播幅播种，一般播种行距20～25厘米，播幅宽10～15厘米，沟底要平，将种子均匀地撒入播幅内，覆细沙土2.0～2.5厘米厚，稍加镇压，使种子与土壤接触。若春季播种时土壤干燥，播种前满足底水，待土壤干燥后再将床面整平，然后播种，或边开沟边播种，然后覆土以保墒情。为防止土壤干旱或雨后板结，播种后要覆盖一层草，当幼苗全部出土后再分期去掉，以免小苗过嫩发生日灼。春季播种后，要经常喷水保湿，5～7天即可大部分出土，15天以后可出齐全苗。秋季播种必须用发芽能力强的种子，幼苗多半在第二年的4月份出苗，比春季播种早出苗10～14天，且发芽整齐。

(四)扦插育苗

嫩枝扦插时间为每年6月至8月。插前苗床准备工作包括：①苗床基质更换与整理（包括营养土和扦插基质的更换；整地时，施入底肥并做土壤消毒处理）；②喷雾设备的安装和调试；③苗床基质消毒处理。插穗的采穗时间选择阴天或日出前和日落后，要避开阳光充足的高温时段以减少插条失水。采集的插穗按品种、雌雄分别存放并标记，不得混淆。采集半木质化插穗时，插穗长度10～15厘米，基部直径3毫米以上。插穗的处理要进行摘叶，保留插穗顶部叶片，其余叶片摘除。用生根粉100倍溶剂处理插条基部，蘸药深度3厘米，浸泡3小时。装好基质的苗盘，用打孔器打孔，株行距6×6厘米，扦插深度3厘米，插后将插条基部基质压实。扦插后喷水保湿，苗床空气相对湿度保持在80%～95%。插条生根的最适温度为20～28℃，温度过高时要进行降温处理。前期以叶面施肥为主，苗后期可通过撒施施肥。插后每周喷施杀菌剂以防止插条腐烂。扦插后须注意红蜘蛛、卷叶蛾和金龟子等虫害的防治。

四十三、蒙古莸育苗技术

育苗地应选择避风向阳、浇水便利的地方。先进行整地，施足腐熟农家肥，深耕细耙，翻地深度25～30厘米，要清除多年生草根，做到土松土细，畦面平整，吃水一致，苗木生长才能整齐。5月中旬播种，种子为前一年10月采收的种子。播种前2～3天，将种子用温水喷洒翻动，促使种子充分吸收水分膨胀，以种子不黏手为宜。

播种方式：①起堰土播种。将3米的畦面一分为二，把表层土拉至中线，然后撒播种子，再把中间的土复位即可。②条播。条播前浇一次底水，隔一两天即可播种。播幅宽20厘米，间距20厘米，用铁锹铲一行播一行，以此类推。覆土厚底均为1～1.5厘米，浇水一次，播种量为1公斤/亩。

第六章　鄂尔多斯市良种采种基地

鄂尔多斯市种苗基地建设从新中国成立初期就已开始,20世纪60年代末至70年代发展较快。尤其是杨柳采条母树林,在伊克昭盟(2001年4月30日,伊克昭盟经国务院批准正式撤盟设市,改名为鄂尔多斯市)时期的林业建设中发挥了重要作用。至20世纪90年代,伊克昭盟的国营苗圃、林场和治沙站,还保留一定数量的杨柳采条母树林。为避免杨柳采条母树林平茬次数过多,生长衰退,伊克昭盟于1976年开始着手培育种子林和种子园。其中,达拉特旗展旦召国营治沙站最先开始建设了100亩樟子松种子园。在此之后,达拉特旗白土梁林场、准格尔旗乌兰不浪林场、伊金霍洛旗新街治沙站等采取一边栽培、一边选育的办法,逐步培育了油松、榆树、柠条锦鸡儿、杨柴、花棒等采种母树林。截至1990年,全盟累计建设母树林和采种基地60万亩。由于这些基地后期因资金匮乏,出现了基地生产经营困境,或维持现状,或被破坏,走入基地不能生产优良种子的困境。1999年以后,建设的采种良种基地基本停止了抚育管理,大多已不具备采种条件。

21世纪初,国家实施退耕还林工程、天然林资源保护工程以后,加大了种苗基地建设专项投资力度,鄂尔多斯市的林业良种、采种基地建设得到了快速且充足发展。2000—2010年,全市累计建设种苗基地45个,其中采种基地17个,总投资1429.5万元,建成采种基地16.9万亩(其中,杨柴采种基地5.1万亩,柠条锦鸡儿采种基地4万亩,中间锦鸡儿采种基地1万亩,藏锦鸡儿采种基地0.3万亩,沙冬青采种基地2万亩,霸王、四合木采种基地2万亩,油松、侧柏采种基地2万亩,沙地柏采穗基地0.5万亩);建成良种基地6个,总投资542万元,建设总面积0.62万亩;苗圃改扩建13个,总投资1255.5万元,改扩建规模0.68万亩。市旗两级种苗站基础设施建设7项,总投资883万元,建成原料库500平方米,种子成品、半成品库1000平方米,晒种台3000平方米,种子加工库车间800平方米,配备国际一流的种子精选、包衣、丸粒化成套设备。

2010年以来,鄂尔多斯市加大对良种采种基地的升级改造,截至2019年,鄂尔多斯市现有杭锦旗国家柠条锦鸡儿良种基地1处,达拉特旗中和西柠条锦鸡儿良种基地(自治区级良种基地)1处,国家沙柳种质资源保存库1处,以及2018年新开工建设鄂托克前旗文冠果良种繁育基地1处,库布其濒危和沙生植物国家林木种质资源库1处。具体参见表6-1所示:

表6-1 鄂尔多斯市良种基地和采种基地

序号	基地名称	建设时间（年）	树种	投资金额（万元）	建设面积（亩）	年结实量（公斤/根）	年采种量（公斤/根）	经营、抚育、管理措施	备注
1	鄂尔多斯市沙生灌木采种基地	2005	中间锦鸡儿、沙地柏等	110	546	10000	10000		
2	鄂尔多斯林业局林木良种基地	2002	沙地柏等	162	1000	15000	10000		
3	东胜区小柠条采种基地	2006	中间锦鸡儿	53	5000	500	500		
4	达拉特旗白柠条采种基地	2001	柠条锦鸡儿	50	10000	1000	1000		
5	鄂托克旗杨柴采种基地	2001	塔落岩黄芪	88	20000	2600	2600		
6	鄂托克旗沙冬青采种基地	2001	沙冬青	88	20000	2000	1600		
7	准格尔旗油松侧柏采种基地	2001	油松、侧柏	150	20000	1000	1000		
8	准格尔旗油松良种基地	2006	油松	100	1500				未达到采种年份
9	伊金霍洛旗公尼召林场白柠条采种基地	2004	柠条锦鸡儿	113	5000	1000	1000		
10	乌审旗毛乌素沙地研究中心沙生灌木良种基地	2005	沙地柏	60	3200	8000	8000		
11	乌审旗河南苗圃沙地柏良种基地	2008	沙地柏	95	400.5	30000	30000		

(续表)

序号	基地名称	建设时间（年）	树种	投资金额（万元）	建设面积（亩）	年结实量（公斤/根）	年采种量（公斤/根）	经营、抚育、管理措施	备注
12	乌审旗林业局沙地柏采穗基地	2002	沙地柏	62	5000	20000	20000		
13	乌审旗林工站杨柴采种基地	2002	塔落岩黄芪	38	3000	1000	1000		
14	杭锦旗国家柠条锦鸡儿良种基地	2012	柠条锦鸡儿	330	20000	2000	2000	疏伐、病防、浇水、施肥等	
15	杭锦旗霸王四合木采种基地	2002	霸王、四合木	89	20000	2000	2000		
16	杭锦旗阿鲁柴登治沙站杨柴采种基地	2003	塔落岩黄芪	37.5	3000	1000	1000		
17	杭锦旗柠条采种基地	2004	柠条锦鸡儿	113	5000	1000	1000		
18	鄂托克前旗林业局小柠条采种基地	2003	中间锦鸡儿	50	8000	1200	1200		
19	鄂托克前旗林业局杨柴采种基地	2002	塔落岩黄芪	100	15000	2000	2000		

第七章 附 表

本章内容参见表7-1、表7-2、表7-3、表7-4所示。

盟市：鄂尔多斯市　　旗县：

表7-1 鄂尔多斯市乔木乡土树种统计表

序号	旗区	树种名称	所在地（乡镇/林场/小地名）	经度	纬度	海拔（米）	起源	土壤类型	树龄（年）	平均胸径（厘米）	平均树高（米）	每亩株数（棵）	群落作用	生长状况	结实情况	病虫害情况	集中分布面积（亩）	备注
1	东胜区	樟子松	罕台镇罕台村	0393203	4413287	1452	人工	栗钙土	15	3.25	2.4	37		良	无	无	50000	
2		油松	罕台镇罕台村	0393203	4413287	1452	人工	栗钙土	13	3.3	2.4	42		良	无	无	22500	
3		云杉	罕台镇罕台村	0393203	4413287	1452	人工	栗钙土	14	2.4	1.8	48		良	无	无	无	
4		杜松	铜川镇常青村神山豁子	0428845	4405696	1577	天然	栗钙土	200	34	6.5	1		良	少	无	20000	混散
5	达拉特旗	旱柳	白泥井镇王家壕村二满壕社	110°27.420′	40°07.815′	1202		沙壤土	30（砍后）					良好			无	
6		文冠果	造林总场展日召苏木大圐圙					沙壤土	110					良好			无	
7		杜松	昭君镇吴四圪堵村					沙壤土	250					良好			无	
8		小叶杨	昭君镇吴四圪堵村其岭社					沙壤土	80					良好			无	
9		家榆	树林召镇九大渠村榆卜子					沙壤土	270					良好			无	
10		榆树	阿尔寨沙冬青采集地区	39°37′999″	106°57′876″	1623	天然	风沙土		7	2.6			良好		无	无	
11	杭锦旗	新疆杨	锡尼镇阿斯楞图村	0331859	4422693	1463	人工	沙土		5.2	4.3	17		良好	无	无	无	
12		小美旱杨	独贵塔拉镇	0300561	4483626	1096	人工	沙土		7.7	3.4	29		良好	无	无	无	

(续表)

序号	旗区	树种名称	所在地(乡镇/林场/小地名)	经度	纬度	海拔(米)	起源	土壤类型	树龄(年)	平均胸径(厘米)	平均树高(米)	每亩株数(棵)	群落作用	生长状况	结实情况	病虫害情况	集中分布面积(亩)	备注
13	杭锦旗	沙枣	锡尼镇塞台村	0302214	4417626	1353	人工	沙土		8.3	2.9	5		良好	无	无	无	
14		梭梭	呼和木独镇马头湾村	40°36′811	107°23′008	1070	人工	沙土			2-3	1		良		无	500	
15	乌审旗	柽柳	嘎鲁图镇巴音温都村	307924	4282428	1334	人工	风沙土		3×3	3			良好		无	无	
16		桃叶卫矛	嘎鲁图镇沙努图克村	38°42.707′	108°38.129′	1383	自然	风沙土	100	80	4.5	2		良好	中	无	无	
17		杨树	苏布尔嘎镇阿格图村	0376124	4380882	1502	人工	沙土			5.75	2		良好	无	无	无	
18		山杏	霍洛镇龙凫渠村	0392466	4365109	1430	人工	风沙土		0.1	2.5	15		差	无	无	无	
19	伊金霍洛旗	山桃	霍洛镇龙凫渠村	0392466	4365109	1430	人工	风沙土		0.1	2.5	13		差	无	无	无	
20		侧柏	霍洛镇小霍洛作业区				人工	栗钙土			3				无	无	13861	
21		家杏	公尼召镇瓦匠沟村	109°26.199′	39°36.117″	1453	人工	栗钙土		10.1	4.6	47		良	无	无	无	
22		桃叶卫矛	红庆河镇呼家壕村	371426	4351582	1385	天然	栗钙土	120	75	8	1		树裂	无	无	无	
23	准格尔旗	花叶海棠	石窑庙	0474540	4367956	1176	天然	栗钙土		12	3×2			良好	大量	无	无	
24		辽东栎	石窑庙	0474545	4367894	1219	天然	栗钙土		17	4.2			良好	大量	无	无	
25		大果榆	石窑庙	0474540	4367956	1176	天然	栗钙土		5	5			良好	大量	无	无	

（续表）

旗区	序号	树种名称	所在地(乡镇/林场/小地名)	经度	纬度	海拔(米)	起源	土壤类型	树龄(年)	平均胸径(厘米)	平均树高(米)	每亩株数(棵)	群落作用	生长状况	结实情况	病虫害情况	集中分布面积(亩)	备注
准格尔旗	26	桃叶卫矛	石窑尚	473883	4371730	1161	天然	栗钙土		2	2.5			良好	大量	无	无	
	27	海棠	大饭铺林场	0514320	4404457	1179	天然			25	9			良好	大量	无	无	
	28	加拿大杨	大饭铺林场	0514320	4404157	1179	人工			12	30				大量	无	无	
	29	臭椿	马栅村沙坪社	0517529	4373708	1179	人工			5	6			良好	大量	无	无	
	30	家桑	马栅村沙坪社	0496798	4379989	1179	人工			4	3.5~2				大量	无	无	
	31	白蜡	马栅村沙坪社	0514320	4404157	1179	人工			30	15			良好	大量	无	无	
	32	刺槐	马栅村沙坪社	0414320	4404157	1179	人工			18	25				大量	无	无	
	33	杜梨	马栅村沙坪社	0414320	4404157	1179	人工			4	4.5			良好	大量	无	无	
	34	苹果梨	马栅村沙坪社	0414320	4404157	1179	人工			10	4			良好	大量	无	无	
	35	桃	乌兰不浪林场	0504390	4441890	1135	人工			2	3			良好	大量	无	无	
	36	核桃	乌兰不浪林场	0504390	4441890	1135	人工			30	20			良好	大量	无	无	
	37	复叶槭	乌兰不浪林场	0501869	4441663	1130	人工			62	16				大量	无	无	

盟市：鄂尔多斯市

表 7-2 鄂尔多斯市灌木乡土树种统计表

序号	旗区	树种名称	所在地(乡镇/林场/小地名)	经度	纬度	海拔（米）	起源	土壤类型	树龄（年）	平均丛高（米）	平均冠幅（米）	每亩株数（棵）	群落作用	生长状况	结实情况	病虫害情况	集中分布面积（亩）	备注
1	鄂托克旗	霸王	蒙西镇伊克布拉格二队	106°52′40.1″	40°4′8.4″	1080	天然	风沙土		1.4	1.5×1.5		建群种	良好	中	无	2640	
2		四合木	蒙西镇伊克布拉格二队	106°52′40.1″	40°4′8.4″	1080	天然	风沙土		0.5	0.6×1		建群种	良好	好	无	7300	
3		绵刺	蒙西镇伊克布拉格二队	106°52′40.1″	40°4′8.4″	1080	天然	风沙土		0.08	0.2×0.2		建群种	良好	中	无		
4		沙冬青	蒙西镇伊克布拉格二队	106°52′40.1″	40°4′8.4″	1080	天然	风沙土		0.8	0.6×0.7		建群种	良好	中	无	2450	
5		半日花	蒙西镇苏亥图三队	107°13′27.14″	39°50′46.0″	1470	天然	风沙土、石砾		0.12	0.3×0.2		建群种	良好		无	6825	
6		红砂	蒙西镇苏亥图三队	107°13′27.14″	39°50′46.0″	1470	天然	风沙土、石砾		0.15	0.2×0.2		建群种	良好		无	5000	
7		藏锦鸡儿	蒙西镇苏亥图三队	107°13′20.28″	39°52′13.2″	1470	天然	风沙土		0.15	2.8×1.9		建群种	良好	良	无	8000	
8		柠条锦鸡儿	苏米图苏木额尔和图社	108°2′5.3″	38°42′10.5″	1460	天然	风沙土		2	4×5		建群种	良好	良	无	4890	
9		乌柳	乌兰镇乌兰图克巴音布拉格	252053	4316043	1409	天然	风沙土		2.9	4×5		建群种	良好		无	500	
10		沙棘	乌兰镇乌兰图克巴音布拉格	252053	4316043	1409	天然	风沙土		1.6	3×4		建群种	良好		无		
11		红花海绵豆	棋盘井镇阿尔寨石窟景区				天然						建群种	良好	大	无	20	
12		灌木青兰	棋盘井镇阿尔寨石窟景区				天然						建群种	良好	大	无		
13		蒙古扁桃	棋盘井镇阿尔寨石窟景区	40°03′182″	106°52′418″	1151	天然			1.6	2		建群种	良好		无		
14		沙木蓼	棋盘井镇阿尔寨石窟景区	40°03′182″	106°52′418″	1151	天然						建群种	良好		无		

（续表）

序号	旗区	树种名称	所在地(乡镇/林场/小地名)	经度	纬度	海拔（米）	起源	土壤类型	树龄（年）	平均丛高（米）	平均冠幅（米）	每亩株数（棵）	群落作用	生长状况	结实情况	病虫害情况	集中分布面积（亩）	备注
15	鄂托克旗	白刺	棋盘井镇阿尔寨石窟晃区沙冬青采集地区	39°55′230″	106°49′758″	1187	天然			2	2×4		建群种	良好		无		
16		珍珠柴	棋盘井镇阿尔寨石窟晃区沙冬青采集地区	39°54′859″	106°51′779″	1231	天然						建群种					
17		黄刺梅	棋盘井镇阿尔寨石窟晃区沙冬青采集地区	39°38′161″	106°58′856″	2130	天然			0.6			伴生	良好		无		
18		野丁香	棋盘井镇阿尔寨石窟晃区沙冬青采集地区	39°27′640″	107°03′762″	1422	天然			0.2			伴生	良好		无		
19		花棒	查汗敖包村	38°37′394″	108°12′984″	1422	飞播			2.5	3×3		伴生	良好	大	无	10000	
20		小柠条	阿尔寨沙冬青采集地区	38°55′915″	108°14′864″	1420	人工						建群种	良好		无		
21		柳叶鼠李	小鄂尔克图村	38°43′215″	108°12′270″	1412	天然			3	16		建群种	良好		轻微		
22		阿拉善沙拐枣	小鄂尔克图村	38°43′216″	108°12′271″	1412	天然			2.5	1.5×1.8		伴生	良好	中	轻微		
23		互叶醉鱼草	乌兰镇海岱嘎查哈日陶老盖小队	107°43′20.55″	38°43′28.51″	1338	天然	风沙土	8	2.5	2~4	70	伴生	良好	有	无		
24		柳叶鼠李	苏米图苏木马什亥嘎查巴彦生布日敖包（查汗陶老亥小队）	108°18′28.9″	38°58′3.5″	1457	人工	沙土	100	2.3	2.38	1	建群种	良好	有	无		
25	鄂托克前旗	藏锦鸡儿	上海庙镇拜图嘎查	4266206	0648244	1490	自然	硬梁地		0.4	1.5	332	建群种	良	无	无	20000	
26		藏锦鸡儿	上海庙镇公乌素嘎查	4281566	0678068	1491	自然	硬梁地		0.4	1.5	315		良	无	无	20000	
27		藏锦鸡儿	上海庙镇拜图嘎查	4277250	0669419		自然	硬梁地		0.4	1.5	315	建群种	良	无	无	10000	
28	杭锦旗	狭叶锦鸡儿	锡尼镇	0301474	4408946	1431	天然	沙土		0.38	1.02×0.71	48	伴生	良好	无	无		

(续表)

序号	旗区	树种名称	所在地(乡镇/林场/小地名)	经度	纬度	海拔（米）	起源	土壤类型	树龄（年）	平均丛高（米）	平均冠幅（米）	每亩株数（棵）	群落作用	生长状况	结实情况	病虫害情况	集中分布面积（亩）	备注
29	杭锦旗	塔落岩黄芪	锡尼镇	0310264	4390752	1464	人工	沙土		0.76	1.2×0.86	4	建群种	良好	无	无		
30		柽柳	独贵塔拉镇	0296621	4476987	1127	人工	沙土		1.77	1.73×1.42	17	建群种	良好	无	无		
31		霸王	锡尼镇	0197083	4455944	1201	天然	沙土		0.35	0.27×0.27	237		良好	无	无	5000	
32		白刺	独贵塔拉	0295956	4476288	1120	人工	沙土		1.2	2.67×2.46	29	建群种	良好	无	无		
33		红砂	锡尼镇	0205780	4451056	1227	人工	沙土		0.26	0.18×0.18	57	建群种	良好	无	无		
34		四合木	锡尼镇	0195256	4456772	1206	天然	沙土		0.33	0.25×0.25	185		良好	无	无		
35		沙冬青	锡尼镇	0173421	4463707	1201	天然	沙土		0.32	0.25×0.22	15		良好	无	无		
36		刺叶柄棘豆	伊和乌素镇伊和乌素一大队	0217014	4415699	1180	天然	沙土		0.34	0.16×0.24	76	伴生	良好	无	无		
37		红砂	巴拉贡镇台音格嘎查	0171002	4464896	1200	天然	沙土		0.21	0.33×0.42	15	建群种	良好	无	无		
38		沙冬青	巴拉贡镇台音格嘎查	0171941	4465079	1193	天然	沙土		0.81	2.04×0.14	117		良好	无	无		
39		四合木	巴拉贡镇台音格嘎查	0173831	4465412	1180	天然	沙土		0.74	1.9×1.96	138		良好	无	无		
40		蒙古扁桃	巴拉贡镇台音格嘎查	0181709	4468393	1185	天然	沙土		1.41	1.22×1.32	10	建群种	良好	无	无		
41		白刺	巴拉贡镇台音格嘎查	0188696	4472832	1131	天然	沙土		1.16	3.09×2.39	23	建群种	良好	无	无		
42		柠条锦鸡儿	巴拉贡镇台音格嘎查	0190202	4475377	1116	天然	沙土		2.2	1.6×1.6	67	建群种	良好	无	无	25000	
43		柠条锦鸡儿	伊和乌素镇	405611	4450295	1247	天然	沙土		1.8	1.5×1.6	67	建群种			无	2000	

(续表)

旗区	序号	树种名称	所在地(乡镇/林场/小地名)	经度	纬度	海拔(米)	起源	土壤类型	树龄(年)	平均丛高(米)	平均冠幅(米)	每亩株数(棵)	群落作用	生长状况	结实情况	病虫害情况	集中分布面积(亩)	备注
杭锦旗	44	刺叶柄棘豆	白普乌素二大队	0280578	4450107	1223	天然	沙土		0.23	0.11×0.09	3	建群种	良好	无	无		
	45	中间锦鸡儿	白普乌素二大队	0278738	4450935	1265	人工	沙土		0.53	0.55×0.49	8	建群种	良好	无	无		
	46	塔落岩黄芪	白普乌素二大队	0278738	4450935	1265	人工	沙土		0.93	0.82×0.75	5	建群种	良好	无	无		
	47	红柳	白普乌素二大队	0273842	4455164	1249	天然	沙土		1.2	0.78×0.72	2		良好	无	无		
	48	白刺	白普乌素二大队	0262268	4463004	1246	天然	沙土		1.05	0.65×0.6	36	建群种	良好	无	无		
	49	红砂	巴普乌素镇	48°15′963	107°11′997	1197	天然	沙土		0.2	0.5×0.5	2		良好	大	无		
	50	霸王	巴普乌素镇	48°15′063	107°11′097	1117	天然	沙土		0.8	2	10		良好	大	无	1000	
	51	四合木	巴普乌素镇	48°15′063	107°11′097	1117	天然	沙土		0.4	1.5	5		良好	大	无		
	52	沙冬青	巴普乌素镇	687138	4461393	1193	天然	沙土		0.8	0.55×0.49	1	建群种	良好	大	无	5000	
	53	红砂	巴普恩格尔镇	48°15′063	107°11′097	1117	天然	沙土		0.3		1	建群种	良好		无		
	54	驼绒藜	巴普恩格尔镇	48°15′063	107°11′097	1117	天然	沙土		0.2		3		良好				
	55	霸王	巴普恩格尔镇	40°17′550	107°15′957	1180	天然	沙土		1.1	1.3	3						
	56	沙冬青	巴普恩格尔镇	40°19′359	107°19′805	1141	天然	沙土		0.65	1.3	8			大	无		
	57	霸王	巴普恩格尔镇	40°19′359	107°19′805	1141	天然	沙土		1.2	1.6	3			大	无	5000	

（续表）

序号	旗区	树种名称	所在地(乡镇/林场/小地名)	经度	纬度	海拔（米）	起源	土壤类型	树龄(年)	平均丛高（米）	平均冠幅（米）	每亩株数（棵）	群落作用	生长状况	结实情况	病虫害情况	集中分布面积（亩）	备注
58		白刺	巴音恩格尔镇	40°18′406	107°20′506	1129	天然	沙土					建群种				1000	
59		驼绒藜	伊克乌素发电厂	40°08′18	107°33′39	1130	天然	沙土		0.45		18						
60		霸王	巴拉贡白音恩格尔风场	196129	4456411	1215	天然	沙土		0.5~1		21			少			
61		四合木	巴音恩格尔石膏厂	193731	4457485	1192	天然	沙土		0.4~0.6		17		良				
62	杭锦旗	红砂	巴音恩格尔石膏厂	193731	4457485	1192	天然	沙土		0.1~0.15		13						
63		绵刺	巴音恩格尔石膏厂	193731	4457485	1192	天然	沙土		0.09~0.1		7	建群种	不良				
64		蒙古扁桃	巴拉贡四大队	40°17′469	107°15′469	1177	天然	沙土		1.4~1.6		4	建群种	良	少	无		
65		膜果麻黄	呼和木独沙场	40°32′964	107°27′661	1043	天然	沙土		0.08~0.15		33		良	花开	无		
66		中麻黄	呼和木独沙场	40°32′965	107°27′662	1044	天然	沙土		0.05~0.11		33		良	花开	无		
67		梭梭	杭锦旗呼和木独	195049	4503900	1054	人工	沙土		2.3		111	建群种				500	
68	达拉特旗	柠条锦鸡儿	中和西镇	280759	4441444	1152	天然	沙土			2.5×1.8	67	建群种			无		
69	鄂托克前旗	藏锦鸡儿	上海庙镇拜图嘎查	4266206	0648244	1490	自然	硬梁地		0.4	1.5	332	建群种	良	无	无	10000	
70		小柠条	苏力德苏木沙尔利格村	275239	4228028	1259	天然	沙壤		1.2		99	建群种	良	一般	少		
71	乌审旗	沙柳	乌审旗图克镇乌兰什巴台	366384	4345174	1400	天然	沙壤		2~3		330	建群种	良		有		
72		柳叶鼠李	苏力德苏木桃尔庙嘎查	285531	4269708	1321	天然	沙壤		12	2.7	3	建群种			无		

(续表)

旗区	序号	树种名称	所在地乡镇/林场/小地名	经度	纬度	海拔（米）	起源	土壤类型	树龄（年）	平均丛高（米）	平均冠幅（米）	每亩株数（棵）	群落作用	生长状况	结实情况	病虫害情况	集中分布面积（亩）	备注
乌审旗	73	杠柳	纳林河镇	308400	4222041	1204	天然	沙壤		0.6	6×7	14				无		
	74	匙叶小檗	纳林河镇	308400	4222041	1204	天然	沙壤		2.5	4.7×4.7	5						
	75	蛇葡萄	纳林河镇	308400	4222041	1204	天然	沙壤										
	76	中间锦鸡儿	纳林河镇	308400	4222041	1204	天然	沙壤		1.5	1.5×1.8	3	建群种					
	77	蒙古荴	纳林河镇	307895	4222079	1200	天然	沙壤			0.6~0.8	60						
	78	铁线莲	乌审召镇	321279	4349727	1308	天然	沙壤		1.3	2×2.1	4						
	79	沙柳	苏布尔嘎镇阿格图—毛乌素盖	387774	4387421	1383	人工	沙土	10	2.7	2.7×2.8	154	建群种	良好	多	无	50000	
	80	沙地柏	无定河镇毛布拉渡查	312394	4231660	1232	天然	沙壤		1.2	0.4	50	建群种	良好			62000	
	81	杨柴	嘎鲁图镇巴音温都尔	309462	4281351	1319	天然	沙壤		1.5	1.5×2		建群种	良好			5000	
	82	花棒	嘎鲁图镇布寨嘎查	0303512	4298886	1372				3	1.5×2		建群种	良好	花期		5000	
	83	柳叶鼠李	嘎鲁图镇布寨嘎查	0301534	4298052	1403				3.5	2×2		建群种	良好	大量			
	84	紫穗槐	乌兰陶勒盖巴音敖包	0338676	4287492	1317				1.5	1.5×2		建群种				3000	
	85	灌木铁线莲	乌审召科研	0321279	424728								伴生					
	86	毽核	苏力格苏木昌煌嘎查	274772	4190889	1176	天然	沙土			2.5×3		散生				100	
准格尔旗	87	楼斗叶绣线菊	石尧庙	474575	4368055		天然	栗钙土		3	3×3		伴生		花期			

（续表）

序号	旗区	树种名称	所在地(乡镇/林场/小地名)	经度	纬度	海拔（米）	起源	土壤类型	树龄（年）	平均丛高（米）	平均冠幅（米）	每亩株数（棵）	群落作用	生长状况	结实情况	病虫害情况	集中分布面积（亩）	备注
88	准格尔旗	匙叶小檗	石尧庙	0474566	4368067	1175	天然	栗钙土		2.4	3×3		伴生					
89		小叶茶藨子	石尧庙	0474567	4368068	1181	天然	栗钙土					伴生					
90		黄刺玫	石尧庙	0474568	4368069	1175	天然	栗钙土					伴生			10000	伴生	
91		桑寄生	石尧庙	0474545	4367894	1219	天然	栗钙土					伴生					
92		柳叶鼠李	石尧庙	0474577	4367938	1219	天然	栗钙土		3.5	5×8		伴生			轻微		
93		葱皮忍冬	石尧庙	0474575	4368039	1193	天然	栗钙土		2	1×2		伴生					
94		三裂绣线菊	石尧庙	0474566	4368067	1176	天然	栗钙土		0.4	0.5×0.6		伴生					
95		虎榛子	石尧庙	0474595	4368064	1176	天然	栗钙土		1.2			伴生					
96		枸子木	石尧庙	0474595	4368064	1176	天然	栗钙土		0.15	0.3×0.2		伴生			轻微		
97		百里香	石尧庙	0474595	4368064	1161	天然	栗钙土		0.1	0.3×0.4		伴生					
98		酸枣	石尧庙	0473948	4371787	1155	天然	栗钙土		1.5	0.4×0.5		伴生					
99		灌木铁线莲	石尧庙	0473917	4371773	1165	天然	栗钙土		1	0.3×1		伴生			轻微		
100		北桑寄生	石尧庙	0473812	4371705	1163	天然	栗钙土		1.5	1×0.8		伴生					
101		土庄绣线菊	石尧庙	0473784	4371706	1163	天然	栗钙土					伴生					
102		乌头叶蛇葡萄	石尧庙	0473784	4371706		天然	栗钙土					伴生					

（续表）

序号	旗区	树种名称	所在地(乡镇/林场/小地名)	经度	纬度	海拔(米)	起源	土壤类型	树龄(年)	平均丛高(米)	平均冠幅(米)	每亩株数(棵)	群落作用	生长状况	结实情况	病虫害情况	集中分布面积(亩)	备注
103	准格尔旗	中国枸杞	石尧庙	0473756	4371614	1183	天然	栗钙土		0.6	1×0.8		伴生			轻微		
104		胡枝子	石尧庙	0473707	4371437	1173	天然	栗钙土		0.5~1			伴生					
105		筐柳	石尧庙	0473741	4371416	1142	天然	栗钙土		2			伴生					
106		秦晋锦鸡儿	石尧庙	0473812	4371454	1152	天然	栗钙土		3	3×4		伴生			轻微		
107		枸子木	阿贵庙	0473812	4371454	1152	天然	栗钙土					伴生					
108		狭叶锦鸡儿	阿贵庙	0474117	4371912	1139	天然	栗钙土		0.4	1×1		伴生		有			
109		蒙古莸	阿贵庙	0473817	4371681	1150	天然	栗钙土		0.3	0.15×0.2		伴生					
110		鼠李	阿贵庙	04741176	4375517	1122	天然	栗钙土		2.5	3×4		伴生					
111		鄂尔多斯小檗	阿贵庙	0474087	4371317	1207	天然	栗钙土		1.5	1×2		伴生			轻微		
112		甘蒙锦鸡儿	阿贵庙	0474026	4371478	1175	天然	栗钙土		2	3×2		伴生					
113		柽柳	阿贵庙	0474123	4371846	1134	天然	栗钙土		4	4×5		伴生					
114		驼绒藜	神山林场	0467898	4387119	1304	天然	栗钙土		0.5~1	0.2×0.3		伴生			轻微		
115		紫穗槐	乌兰不浪林场	0501548	4441716	1131	人工	栗钙土		3	3×3		伴生		有	轻微		
116		刺叶柄棘豆	布尔顿塬村	0491374	4435246	1239	天然	栗钙土		0.15	0.2×0.22		伴生		有	轻微		

表 7-3　鄂尔多斯市绿化树种统计表

序号	树种名称	土壤类型及肥力	园林用途	管护措施	生长情况	病虫害情况	结实情况	景观效果评价	备注
1	苹果	改良沙壤土施肥	城市绿化	浇水、修剪	良好	无	有	达到设计要求	已驯化
2	皂角	改良沙壤土施肥	城市绿化	浇水、修剪	良好	无	有	达到设计要求	已成熟
3	圆柏	改良沙壤土施肥	城市绿化	浇水、修剪	良好	无	有	达到设计要求	引种5年以上
4	垂柳	改良沙壤土施肥	城市绿化	浇水、修剪	良好	无		达到设计要求	引种5年以上
5	紫叶矮樱	改良沙壤土施肥	城市绿化	浇水、修剪	良好	无		达到设计要求	引种5年以上
6	沙枣	改良沙壤土施肥	城市绿化	浇水、修剪	良好	无	有	达到设计要求	引种5年以上
7	山桃树	改良沙壤土施肥	城市绿化	浇水、修剪	良好	无	有	达到设计要求	引种5年以上
8	火炬树	改良沙壤土施肥	城市绿化	浇水、修剪	良好	无	有	达到设计要求	引种5年以上
9	龙爪槐	改良沙壤土施肥	城市绿化	浇水、修剪	良好	无		达到设计要求	引种5年以上
10	山杏	改良沙壤土施肥	城市绿化	浇水、修剪	良好	无	有	达到设计要求	引种5年以上
11	金叶榆	改良沙壤土施肥	城市绿化	浇水、修剪	良好	无	有	达到设计要求	引种5年以上
12	五角枫	改良沙壤土施肥	城市绿化	浇水、修剪	良好	无	有	达到设计要求	引种5年以上
13	白桦	改良沙壤土施肥	城市绿化	浇水、修剪	一般	无		达到设计要求	引种5年以上
14	梓树	改良沙壤土施肥	城市绿化	浇水、修剪	一般	无	无	达到设计要求	引种5年以上
15	海棠	改良沙壤土施肥	城市绿化	浇水、修剪	良好	无		达到设计要求	引种5年以上
16	蝴蝶槐	改良沙壤土施肥	城市绿化	浇水、修剪	良好	无		达到设计要求	引种5年以上
17	栾树	改良沙壤土施肥	城市绿化	浇水、修剪	良好	无		达到设计要求	引种5年以上
18	大叶垂榆	改良沙壤土施肥	城市绿化	浇水、修剪	良好	无		达到设计要求	引种5年以上
19	山丁	改良沙壤土施肥	城市绿化	浇水、修剪	良好	无		达到设计要求	引种5年以上

(续表)

序号	树种名称	土壤类型及肥力	园林用途	管护措施	生长情况	病虫害情况	结实情况	景观效果评价	备注
20	白蜡	改良沙壤土施肥	城市绿化	浇水、修剪	良好	无		达到设计要求	引种5年以上
21	红叶碧桃	改良沙壤土施肥	城市绿化	浇水、修剪	良好	无		达到设计要求	引种5年以上
22	刺槐	改良沙壤土施肥	城市绿化	浇水、修剪	良好	无		达到设计要求	引种5年以上
23	红宝石海棠	改良沙壤土施肥	城市绿化	浇水、修剪	良好	无		达到设计要求	引种5年以上
24	杜梨	改良沙壤土施肥	城市绿化	浇水、修剪	良好	无	有	达到设计要求	引种5年以上
25	复叶槭	改良沙壤土施肥	城市绿化	浇水、修剪	良好	无		达到设计要求	引种5年以上
26	高接沙地柏	改良沙壤土施肥	城市绿化	浇水、修剪	良好	无		达到设计要求	引种5年以上
27	紫叶稠李	改良沙壤土施肥	城市绿化	浇水、修剪	良好	无		达到设计要求	引种5年以上
28	金枝槐	改良沙壤土施肥	城市绿化	浇水、修剪	良好	无		达到设计要求	引种5年以上
29	锦带	改良沙壤土施肥	城市绿化	浇水、修剪	良好	无		达到设计要求	引种5年以上
30	丁香	改良沙壤土施肥	城市绿化	浇水、修剪	良好	无		达到设计要求	引种5年以上
31	紫花醉鱼木	改良沙壤土施肥	城市绿化	浇水、修剪	良好	无		达到设计要求	引种5年以上
32	榆叶梅	改良沙壤土施肥	城市绿化	浇水、修剪	一般	无		达到设计要求	引种5年以上
33	连翘	改良沙壤土施肥	城市绿化	浇水、修剪	良好	无		达到设计要求	引种5年以上
34	女贞子	改良沙壤土施肥	城市绿化	浇水、修剪	良好	无		达到设计要求	引种5年以上
35	沙地柏	改良沙壤土施肥	城市绿化	浇水、修剪	良好	无		达到设计要求	引种5年以上
36	杨柴	改良沙壤土施肥	城市绿化	浇水、修剪	良好	无		达到设计要求	引种5年以上
37	龙柔	改良沙壤土施肥	城市绿化	浇水、修剪	良好	无		达到设计要求	引种5年以上
38	金银花	改良沙壤土施肥	城市绿化	浇水、修剪	一般	无		达到设计要求	引种5年以上

(续表)

序号	树种名称	土壤类型及肥力	园林用途	管护措施	生长情况	病虫害情况	结实情况	景观效果评价	备注
39	金银木	改良沙壤土施肥	城市绿化	浇水、修剪	一般	无		达到设计要求	引种5年以上
40	蒙古栎	改良沙壤土施肥	城市绿化	浇水、修剪	良好	无		达到设计要求	引种5年以上
41	白蜡	改良沙壤土施肥	城市绿化	浇水、修剪	良好	无		达到设计要求	引种5年以上
42	西府海棠	改良沙壤土施肥	城市绿化	浇水、修剪	良好	无		达到设计要求	引种5年以上
43	稠李	改良沙壤土施肥	城市绿化	浇水、修剪	良好	无		达到设计要求	引种5年以上
44	云杉	改良沙壤土施肥	城市绿化	浇水、修剪	良好	无	有	达到设计要求	引种5年以上
45	枣树	改良沙壤土施肥	城市绿化	浇水、修剪	良好	无	有	达到设计要求	引种5年以上
46	家杏	改良沙壤土施肥	城市绿化	浇水、修剪	良好	无	有	达到设计要求	引种5年以上
47	李子	改良沙壤土施肥	城市绿化	浇水、修剪	良好	无	有	达到设计要求	引种5年以上
48	核桃	改良沙壤土施肥	城市绿化	浇水、修剪	一般	无	有	达到设计要求	引种5年以上
49	海红子	改良沙壤土施肥	城市绿化	浇水、修剪	良好	无	有	达到设计要求	引种5年以上
50	水蓇子	改良栗钙土施肥	城市绿化	浇水、修剪	一般	无	有	达到设计要求	引种5年以上
51	紫穗槐	改良栗钙土施肥	城市绿化	浇水、修剪	良好	无	有	达到设计要求	引种5年以上
52	山楂	改良栗钙土施肥	城市绿化	浇水、修剪	一般	无	有	达到设计要求	引种5年以上
53	映山红	改良栗钙土施肥	城市绿化	浇水、修剪	一般	无		达到设计要求	引种5年以上
54	人参果	改良栗钙土施肥	城市绿化	浇水、修剪	良好	无	有	达到设计要求	引种5年以上
55	圆冠榆	改良沙壤土施肥	城市绿化	浇水、修剪	良好	无		达到设计要求	引种5年以上
56	银杏	改良沙壤土施肥	城市绿化	浇水、修剪	一般	无		达到设计要求	引种5年以上
57	卫毛	改良沙壤土施肥	城市绿化	浇水、修剪	良好	无		达到设计要求	引种5年以上

(续表)

序号	树种名称	土壤类型及肥力	园林用途	管护措施	生长情况	病虫害情况	结实情况	景观效果评价	备注
58	玫瑰	改良沙壤土施肥	城市绿化	浇水、修剪	良好	无	有	达到设计要求	引种5年以上
59	加拿大杨	改良沙壤土施肥	城市绿化	浇水、修剪	良好	无		达到设计要求	已成熟
60	华山松	改良沙壤栗钙土施肥	城市绿化	浇水、修剪	良好	无		达到设计要求	引种5年以上
61	桑葚	改良沙壤土施肥	城市绿化	浇水、修剪	一般	无		达到设计要求	引种5年以上
62	红王子锦带	改良沙壤土施肥	城市绿化	浇水、修剪	良好	无	有	达到设计要求	引种5年以上
63	蝴蝶槐	改良沙壤土施肥	城市绿化	浇水、修剪	良好	无	有	达到设计要求	引种5年以上
64	火炬树	改良沙壤土施肥	城市绿化	浇水、修剪	良好	无	有	达到设计要求	引种5年以上
65	东北茶藨子	改良沙壤土施肥	城市绿化	浇水、修剪	良好	无	有	达到设计要求	引种5年以上
66	胶东卫矛	改良沙壤土施肥	城市绿化	浇水、修剪	良好	无	有	达到设计要求	引种5年以上
67	紫叶李	改良沙壤土施肥	城市绿化	浇水、修剪	良好	无		达到设计要求	引种5年以上
68	垂榆	改良沙壤土施肥	城市绿化	浇水、修剪	良好	无		达到设计要求	引种5年以上
69	龙爪槐	改良沙壤土施肥	城市绿化	浇水、修剪	良好	无		达到设计要求	引种5年以上

表 7-4　鄂尔多斯市古树名木统计表

盟市：___鄂尔多斯市___

序号	旗区	树种名称	所在地（乡镇/林场/小地名）	经度	纬度	海拔（米）	起源	土壤类型	树龄（年）	胸径（厘米）	树高（米）	冠幅（平米）	株数（棵）	生长状况	结实情况	病虫害情况	备注
1	鄂托克旗	小叶杨	乌兰镇沙日布日都嘎查巴音西里小队	108°23′35.27″	39°16′44.57″	1414	人工	石盘梁	100多	0.8	13	10	1	良好	有	有病虫害	孟根朱拉草场
2		榆树	乌兰镇沙日布日都嘎查巴音西里小队	108°23′35.27″	39°16′44.57″	1414	人工	石盘梁	100多	0.5	13	5	1	良好	有	有病虫害	
3		文冠树	乌兰镇蒙沁召庙遗址（沙日布日都嘎查巴音西里小队）	108°24′30.18″	39°18′20.22″	1398	人工	风沙土	130多	0.59	8.5	9	1	良好	有	无	杨古林场
4		柳叶鼠李	木凯淖尔镇亚西里散包（伊克乌素村六社）	108°31′11.53″	39°18′45.5″	1450	天然	风沙土	1000多	0.95	2.2	6	1	良好	有	无	
5		柳叶鼠李	木凯淖尔镇亚西里散包（伊克乌素村六社）	108°31′11.53″	39°18′45.5″	1450	天然	风沙土	1000多	1.5	3	7	1	良好	有	无	刘来栓草场上
6		文冠树	木凯淖尔镇扎德盖庙（扎德盖村三社）	108°41′34.76″	39°20′49.39″	1388	人工	风沙土	120多	0.66	10	11	1	良好	有	无	
7		榆树	木凯淖尔镇扎德盖庙（扎德盖村三社）	108°41′34.76″	39°20′49.39″	1388	人工	风沙土	100多	1.03	15	18	1	良好	有	有病虫害	
8		榆树	木凯淖尔镇扎德盖庙（扎德盖村三社）	108°41′34.76″	39°20′49.39″	1388	人工	风沙土	100多	0.75	15	13	1	良好	有	有病虫害	
9		文冠树	木凯淖尔镇扎德盖庙（扎德盖村三社）	108°41′34.76″	39°20′49.39″	1388	人工	风沙土	120多	0.41	6	7	1	良好	有	无	

（续表）

序号	旗区	树种名称	所在地（乡镇/林场/小地名）	经度	纬度	海拔（米）	起源	土壤类型	树龄（年）	胸径（厘米）	树高（米）	冠幅（平方米）	株数（棵）	生长状况	结实情况	病虫害情况	备注
10	鄂托克旗	榆树	木凯淖尔镇木凯淖尔村六社（龙王庙院内）	108°48′46.3″	39°18′12.53″	1382	人工	风沙土	70多	0.78	12	16	1	良好	有	有病虫害	尚在营草场上
11		榆树	木凯淖尔镇乌吉林庙（乌兰吉吉林村二社）	108°27′14.2″	39°36′29.8″	1362	人工	风沙土	100多	0.78	20.6	17	1	良好	有	无	
12		榆树	木凯淖尔镇乌吉林庙（乌兰吉吉林村二社）	108°27′12.9″	39°36′28.1″	1356	人工	风沙土	160多	0.46	20	16		良好	有	无	
13		榆树	木凯淖尔镇乌吉林庙（乌兰吉吉林村二社）	108°27′12.9″	39°36′28.1″	1356	人工	风沙土	160多	0.44	17	10	1	良好	有	无	
14		榆树	木凯淖尔镇乌吉林庙（乌兰吉吉林村二社）	108°27′13.1″	39°36′29.3″	1361	人工	风沙土	200多	0.41	19	9		良好	有	有病虫害	
15		文冠树	阿尔巴斯苏木波府所在地	107°23′44.2″	38°53′54.9″	1234	人工	风沙土	130多	0.41	6	7		旱	弱	有病虫害	
16		榆树	阿尔巴斯苏木陶利嘎查阿门乌兰苏小队	107°04′59.09″	38°51′05.37″	1249	人工	风沙土	150	0.97	15	16		良好	有	无	1860年种植
17		榆树	阿尔巴斯苏木哈图嘎查乌兰素小队	107°22′12.53″	38°47′22.54″	1338	人工	石盘梁	110	1.17	7	15		良好	有	有病虫害	曹文志家西边
18		榆树	阿尔巴斯苏木阿如布拉格嘎查巴音陶老盖小队（最西面）	107°14′04.99″	38°49′51.7″	1291	人工	石膏	300多	0.32	5.8	5		良好	有	有病虫害	
19		榆树	阿尔巴斯苏木阿如布拉格嘎查巴音布拉格小队	107°01′38.7″	38°44′01.7″	1280	人工	风沙土	100	0.56	5	11.1	1	良好	有	无	
20		榆树	阿尔巴斯苏木阿如布拉格嘎查巴音布拉格小队	107°01′53.9″	38°44′24.31″	1260	人工	风沙土	100多	0.61	5.8	13	1	良好	有	无	

（续表）

序号	旗区	树种名称	所在地（乡镇/林场/小地名）	经度	纬度	海拔（米）	起源	土壤类型	树龄（年）	胸径（厘米）	树高（米）	冠幅（m）	株数（棵）	生长状况	结实情况	病虫害情况	备注
21	鄂托克旗	榆树	阿尔巴斯苏木阿如布拉格嘎查巴音布拉格小队	107°02′02.9″	38°43′59.7″	1276	人工	风沙土	100多	0.57	9.1	10	1	良好	有	无	
22		互叶醉鱼草	乌兰镇海岱图嘎查哈日陶老盖小草	107°43′20.55″	38°43′28.51″	1338	天然	风沙土	8		2.5	2～4	70	良好	有	无	马·苏雅拉图
23		榆树	乌兰镇敖伦淖尔嘎查阿米小队	108°03′06.96″	38°54′05.52″	1431	人工	风沙土	100多	0.8	15	21	1	良好	有	有病虫害	萨如拉其其格
24		榆树	乌兰镇敖伦淖尔嘎查阿米小队	108°03′06.96″	38°54′05.52″	1431	人工	风沙土	100多	0.56	13	15	1	良好	有	无	
25		榆树	乌兰镇乌兰图克嘎查巴音布拉格小队	108°07′14.23″	38°56′48.6″	1427	人工	风沙土	90多	0.7	10	18	1	良好	有	有病虫害	马龙
26		文冠树	阿尔巴斯苏木陶勒盖庙（巴音陶勒盖嘎查哈希拉格小队）	107°32′07.6″	39°06′26.2″	1238	人工	风沙土	150多	0.6	10	12	1	良好	弱	有病虫害	
27		榆树	阿尔巴斯苏木布隆嘎查	107°15′31.1″	38°55′25.5″	1187	天然	石盘地	200多	1.1	13	21	1	良好	有	有病虫害	鄂托克旗野外地质遗迹博物馆西面
28		文冠树	苏米图苏木苏里格嘎查宾馆后院	108°16′15.3″	38°33′56.9″	1324	人工	沙土	100多	0.43	7.5	9	1	良好	有	无	
29		小叶杨	苏米图苏木查汗敖包嘎查敖包小队	108°12′31.1″	38°52′22.3″	1436	人工	沙土	100多	0.85	7.8	13	1	良好	有	无	那日苏草场，1860-1868年之间种植
30		旱柳	苏米图苏木巴音布拉格嘎查巴嘎希里	108°20′55.5″	38°38′15.5″	1346	人工	沙土	100	1.1	7.6	7.2	2	良好	有	无	杨达来草场上
31		旱柳	苏米图苏木巴音布拉格嘎查巴嘎希里	108°20′55.5″	38°38′15.5″	1346	人工	沙土	100	1.21	7.2	7.5		良好	有	无	

(续表)

旗区	序号	树种名称	所在地(乡镇/林场/小地名)	经度	纬度	海拔(米)	起源	土壤类型	树龄(年)	胸径(厘米)	树高(米)	冠幅(平方米)	株数(棵)	生长状况	结实情况	病虫害情况	备注
	32	榆树	苏米图苏木额尔和图朱日和庙(苏木住地)	108°23′37.2″	38°37′02.3″	1347	人工	沙土	200以上	0.64	12	11	2	良好	有	无	朱日和庙建于1809年
	33	榆树	苏米图苏木额尔和图朱日和庙(苏木住地)	108°23′37.2″	38°37′02.3″	1339	人工	沙土	200以上	0.67	13.2	12		良好	有	无	
	34	榆树	苏米图苏木额尔和图朱日和敖包	108°23′30.5″	38°37′13.4″	1367	人工	硬梁地	100多	0.41	4.8	9	1	良好	有	无	
	35	榆树	苏米图苏木查汗敖包嘎查特苦木小队	108°15′35.8″	38°47′52.2″	1380	人工	沙土	100多	0.52	10.5	14	1	良好	有	无	
	36	榆树	苏米图苏木查汗敖包嘎查特苦木小队	108°15′41.1″	38°48′30.6″	1423	人工	沙土	100多	0.4	18	10	1	良好	有	无	生格尔草场上
	37	榆树	苏米图苏木查汗敖包嘎查特苦木小队	108°15′41.0″	38°48′30.6″	1424	人工	沙土	100多	0.36	16	12	1	良好	有	无	
	38	杏树	苏米图苏木查汗敖包庙(查汗敖包嘎查布特苏小队)	108°12′24.3″	38°52′28.2″	1444	人工	沙土	90多	0.82	9	16	1	良好	有	无	
鄂托克旗	39	榆树	苏米图苏木马什亥嘎查巴彦生布日敖包(查汗陶老亥小队)	108°18′29.1″	38°58′4.9″	1457	人工	沙土	100多	0.34	7.8	15	1	良好	有	无	阿迪亚草场上
	40	柳叶鼠李	苏米图苏木马什亥嘎查巴彦生布日敖包(查汗陶老亥小队)	108°18′28.9″	38°58′3.5″	1457	人工	沙土	100多	0.33	2.3	2.38	1	良好	有	无	
	41	柳叶鼠李	苏米图苏木苏里格嘎查根敖包	108°10′12.3″	38°31′45.8″	1403	人工	沙土	1000多	0.22	2.2	6	1	良好	有	无	那仁特古斯草场上
	42	柳叶鼠李	苏米图苏木巴嘎额尔和图嘎查布拉格小队	108°12′18.2″	38°43′16.3″	1418	天然	风沙土	400多	0.4	3.5	6	1	良好	有	无	恩克吉日嘎拉草场上

（续表）

旗区	序号	树种名称	所在地（乡镇/林场/小地名）	经度	纬度	海拔（米）	起源	土壤类型	树龄（年）	胸径（厘米）	树高（米）	冠幅（平米）	株数（棵）	生长状况	结实情况	病虫害情况	备注
鄂托克旗	43	榆树	蒙西镇布日嘎斯太河巴音巴图草场	106°58′29.31″	40°04′14.8″	1271	天然	石盘地	130多	0.99	6	11	1	良好	有	无	
	44	榆树	蒙西镇迪延庙	106°55′52.81″	39°38′05.59″	1460	人工	石盘地	100多	0.48	6	6.5	1	良好	有	无	
	45	酸枣树	蒙西镇伊克布拉格嘎查乌兰陶老盖小队	106°53′32.56″	40°01′25.51″	1212	天然	石盘地	110	0.25	5	6	1	良好	有	无	
	46	柽柳	蒙西镇苏玄图嘎查禾洽军草场内	0395070	4450093		天然	沙土	100上	0.83	7.5	9.2	1	良好	有	无	曹雄昌
	47	蒙桑	蒙西镇伊克布拉格嘎查	0149194	4440222		天然	石盘地	100	0.67 0.57 0.41	12	14	1	良好	有	无	记录顺序是：从右到左
	48	旱柳	蒙西镇布日嘎斯太庙	107°01′32.5″	40°02′12.7″	1402	天然	沙土	300多	0.96	12	12.6	1	良好	有	无	
	49	小叶杨	蒙西镇布日嘎斯太庙	107°01′34.1″	40°02′11.1″	1406	人工	沙土	300	1.1	15	19.5	1	良好	有	无	
	50	榆树	蒙西镇猫沟				天然	石盘地	100	0.94	11	9	1	良好	有	无	
	51	旱柳	蒙西镇伊克布拉格嘎查二队	106°55′07.4″	40°04′06.3″	1206	天然	风沙土	150	1.3	10	23	1	良好	有	无	张和伟草场上
	52	旱柳	苏米图苏木斯布扣嘎查石荣小队	108°22′11.42″	38°26′25.5″	1323	人工	风沙土	120	1.1	10.8	9.2	1	差	有	有病虫害	森布尔巴图草场上
伊金霍洛旗	53	桃叶卫矛	红庆河镇呼家豪村	371426	4351582	1385	天然	风沙土	120	75	8	10	1	树裂	无	无	

(续表)

序号	旗区	树种名称	所在地(乡镇/林场/小地名)	经度	纬度	海拔（米）	起源	土壤类型	树龄（年）	胸径（厘米）	树高（米）	冠幅（平洋）	株数（棵）	生长状况	结实情况	病虫害情况	备注
54	伊金霍洛旗	文冠果	苏布尔嘎镇苏布尔嘎嘎查	355387	4388883	1354	天然	风沙土		70	6	7	1	枯死、干旱	少	无	
55		文冠果	苏布尔嘎镇苏布尔嘎嘎查	355381	4388837	1354	天然	风沙土		70	9	15	1	干旱	少	无	
56		榆树	苏布尔嘎镇苏布尔嘎嘎查大队院内	355387	4388829	1354	天然	风沙土		80	9	7	1	干旱	无	无	
57		旱柳	新街道劳管子四社榆树湾	398447	4334543	1293	天然	风沙土	100	160	16		1	良好	无	无	
58		文冠果	霍洛镇石灰庙村二社庙房后	403044	4360732	1319	天然	风沙土	200	50	7	5	1	缺水严重	多	无	
59		文冠果	霍洛镇石灰庙村二社庙房后	403044	4360733	1319	天然	风沙土	200	60	7	6.5	1	缺水严重	多	无	
60		文冠果	新苗蒙汉社	447111	4360863	1325	天然	风沙土	350	80	13	9	1	缺水	多	无	
61		文冠果	新苗蒙汉社	447111	4360863	1325	天然	风沙土	350	80	13	9	1	缺水	大量	无	
62		榆树	石灰庙二社	402987	4360712	1316	天然	风沙土	100	75	12	7.6	1	缺水	无	无	
63		文冠果	新苗蒙汉社	447006	4360787	1325	天然	风沙土	300	90	8		1	良好	无	无	
64		文冠果	甘珠庙一社杨保柱门前	390248	4369875	1342	天然	风沙土	300	70	9	9	1	缺水	中	无	

(续表)

序号	旗区	树种名称	所在地乡镇/林场/小地名	经度	纬度	海拔（米）	起源	土壤类型	树龄（年）	胸径（厘米）	树高（米）	冠幅（平方米）	株数（棵）	生长状况	结实情况	病虫害情况	备注
65	杭锦旗	旱柳	改更召	E108°10.73	N40°48.82	1020		风沙土		84			2	良好	未见		
66		柽柳	二道川	37°53.063′	107°48.202′	1362	天然	硬梁地		12	15	64	1	良好	无	无	
67		榆树	珠和	37°50.041′	107°53.869′	1363	天然	硬梁地		94	10	132	1	良好	无	无	
68		文冠果	待补			1398	天然	硬梁地	70~80	46	10	25	2	良好	大量	无	
69		文冠果	昂素呼拉呼嘎查	38°01.158′	108°11.411′	1334	天然	硬梁地	200	80	16	12		良好	大量	无	
70	鄂托克前旗	白榆	城川吉拉苏木旧址	0736593	4217937	1364	天然	硬梁地	235	78	12	18		良好	无	无	
71		白榆	城川榆树壕	0755090	4193125	1376	天然	硬梁地	400	95	18	27		良好	无	无	
72		文冠果	城川榆树壕	0755090	4193125	1327	天然	硬梁地	120	66	13	12	1	良好	少	无	
73		柽柳树	敖勒召其漫水塘一队	0706345	4226575	1369	天然	硬梁地	100	30	8	16	1	良好	无	无	
74		白榆	上海庙特布德庙	0672050	4233901	1409	天然	硬梁地	110	52	10	6	1	良好	无	无	
75		白榆	上海庙特布德庙	0672074	4233962	1381	天然	硬梁地	110	38	8	6	1	良好	无	无	

（续表）

序号	旗区	树种名称	所在地(乡镇/林场/小地名)	经度	纬度	海拔（米）	起源	土壤类型	树龄（年）	胸径（厘米）	树高（米）	冠幅（平米）	株数（棵）	生长状况	结实情况	病虫害情况	备注
76	鄂托克前旗	白榆	上海庙特布德庙	0672074	4233962	1381	天然	硬梁地	110	58	12	15	1	良好	无	无	
77		文冠果	上海庙特布德庙	0672074	4233962	1381	天然	硬梁地	120	60	8	11	1	良好	无	无	
78		旱柳	敖勒召其乌兰道崩庙	0718653	4218041	1320	天然	硬梁地	230	33	10	18	1	良好	无	无	
79		旱柳	敖勒召其乌兰道崩庙	0718653	4218041	1320	天然	硬梁地	230	45	10	15	1	良好	无	无	
80		柽柳	敖勒召其耐玛庆	0716507	4223419	1347	天然	硬梁地	80	32	8	20	1	良好	无	无	
81		酸枣树	上海庙哈沙图其巴根希里	0658368	4255059	1360	天然	硬梁地	100	8	3	3.5	1	良好	良好	无	
82		文冠果	昂素玛拉迪社区 万世平	0764583	4250808	1381	天然	硬梁地	120	47	6.8	4	1	良好	良好	无	
83		文冠果	昂素玛拉迪社区 张永梅	0764582	4250795	1381	天然	硬梁地	120	48	7	4	1	良好	良好	无	
84		白榆树	上海庙布拉格社区	0693942	4264273	1410	天然	硬梁地	190	23	19	12	1	良好	无	无	
85		白榆树	上海庙布拉格社区	0694004	4264159	1409	天然	硬梁地	290	100	14	12	1	良好	无	无	
86		文冠果	上海庙布拉格社区	0693897	4264233	1419	天然	硬梁地	120	50	8.5	13	1	良好	良好	无	

(续表)

序号	旗区	树种名称	所在地(乡镇/林场/小地名)	经度	纬度	海拔(米)	起源	土壤类型	树龄(年)	胸径(厘米)	树高(米)	冠幅(平米)	株数(棵)	生长状况	结实情况	病虫害情况	备注
87	鄂托克前旗	文冠果	上海庙布拉格社区	0694026	4264230	1415	天然	硬梁地	140	68	9	16	1	良好	良好	无	
88	乌审旗	榆树	苏力德通史村	38°16.063	108°43.031	1257	天然	风沙土	100	70	25	520	2	良好	无	无	
89		榆树	乌审召查汗庙	39°15.495	108°55.655	1305	天然	风沙土	100	90	25	520	1	良好	无	无	
90		榆树	乌审召庙	39°05.606	109°02.173	1335	天然	风沙土	300以上	120	3.5~2	35	1	良好	无	无	
91		榆树	嘎鲁图布察	38°44.640	108°44.088	1343	天然	风沙土	100	30	29	16	1	良好	无	无	
92		榆树	嘎鲁图布察	38°44.709	108°44.099	1357	天然	风沙土	100	85	23	520	1	良好	无	无	
93		旱柳	无定河张冯畔	37°59.392	108°54.826	1130	天然	风沙土	100	125	10	7	1	良好	无	无	
94		文冠果	乌审召庙	39°05.513	109°02.251	1309	天然	风沙土	100	16	9	520	2	良好	有	无	
95		桃叶卫矛	嘎鲁图沙如努图克	38°42.707	108°38.129	1383	天然	风沙土	100	80	4.5	5	2	良好	无	无	
96	达拉特旗	旱柳	白泥井镇王家壕村二满壕社	110°27.420′	40°07.815′	1202	天然	风沙土	30(砍后)			16		良好	无	无	
97		旱柳	昭君镇四村贾家圪堵葫芦头	110°27.242′	40°30.020′	1017	天然	风沙土	151	89	24	10	1	良好	无	无	

(续表)

序号	旗区	树种名称	所在地(乡镇/林场/小地名)	经度	纬度	海拔(米)	起源	土壤类型	树龄(年)	胸径(厘米)	树高(米)	冠幅(平米)	株数(棵)	生长状况	结实情况	病虫害情况	备注
98	达拉特旗	旱柳	昭君镇四村西葫芦头				天然	风沙土	270				1	良好	无	无	
99		旱柳	昭君镇四村万恒店				天然	风沙土	270				1	良好	无	无	
100		文冠果	昭君镇高头窑乌素寨乌素村宝利庙社(朴永明家)				天然	风沙土	270				1	良好	良好	无	
101		文冠果	树林召镇原林业局幼儿园内				天然	风沙土	315				1	良好	良好	无	
102		文冠果	树林召镇三垧梁工业园区				天然	风沙土	260				1	良好	良好	无	
103		文冠果	树林召镇三垧梁工业园区				天然	风沙土	260				1	良好	良好	无	
104		文冠果	树林召镇三垧梁工业园区				天然	风沙土	260				1	良好	良好	无	
105		文冠果	造林总场展旦召苏木大圐圙				天然	风沙土	110				1	良好	良好	无	
106		文冠果	造林总场展旦召苏木大圐圙				天然	风沙土	110				1	良好	良好	无	
107		文冠果	造林总场展旦召苏木大圐圙				天然	风沙土	110				1	良好	良好	无	
108		杜松	昭君镇吴四圪堵村				天然	风沙土	250				1	良好	良好	无	

(续表)

序号	旗区	树种名称	所在地(乡镇/林场/小地名)	经度	纬度	海拔(米)	起源	土壤类型	树龄(年)	胸径(厘米)	树高(米)	冠幅(平米)	株数(棵)	生长状况	结实情况	病虫害情况	备注
109	达拉特旗	杜松	昭君镇吴四圪堵村				天然	风沙土	250				1	良好	良好	无	
110		杜松	昭君镇吴四圪堵村				天然	风沙土	250				1	良好	良好	无	
111		小叶杨	昭君镇吴四圪堵村其岭社				天然	风沙土	80				1	良好	良好	无	
112		家榆	树林召镇九大渠村榆卜子				天然	风沙土	270				1	良好	良好	有	
113		家榆	吉格斯太镇马场壕村原乡政府所在地				天然	风沙土	270					良好	良好	有	
114		家榆	吉格斯太镇马场壕村原乡政府所在地				天然	风沙土	270				1	良好	良好	有	
115	东胜区	杜松	铜川镇常青村神山蓿子社	4405696	428845	1577	天然	栗钙土	200	34	6.5	3.9	2	良好	差	无	
116	准格尔旗	文冠果	准格尔召镇西召村西召社舍利庙前	0426020	4385145	1327	天然	栗钙土	350	60.4	7.5	8.3	1	一般	少	无	
117		文冠果	准格尔召镇西召村西召社三世佛殿后	426153	4385239	1316	天然	栗钙土	200		7	5.1	1	一般	少	无	
118		文冠果	准格尔召镇西召村西召社观音殿	426053	4385183	1322	天然	栗钙土	200		7.5	6.8	1	一般	少	无	
119		文冠果	准格尔召镇西召村西召社观音殿	426053	4385183	1322	天然	栗钙土	400		8	11	1	一般	少	无	

(续表)

序号	旗区	树种名称	所在地（乡镇/林场/小地名）	经度	纬度	海拔（米）	起源	土壤类型	树龄（年）	胸径（厘米）	树高（米）	冠幅（平深）	株数（棵）	生长状况	结实情况	病虫害情况	备注
120	准格尔旗	文冠果	准格尔召镇西召村西召社佛爷商东（两株同坛）	426089	4385364	1316	天然	栗钙土	100		7		1	一般	少	无	
121		文冠果	准格尔召镇西召村西召社佛爷商东	426089	4385364	1316	天然	栗钙土	400		7.5	6.3	1	一般	少	无	
122		杜松	准格尔召镇黄天帽图村	428536	4398181	1466	天然	风沙土	455	60	6.7	9	1	一般	少	无	
123		榆树	薛家湾镇长滩村刘家沟社鲁家沙坡乔林家	514118	4385699	1053	天然		260	104	13.2	16.75	1	生长良好，下层枝开始枯死	大量	无	
124		榆树	兴隆街道办事处周家湾	517392	4415945	1148	天然		96	280	17	27	1	顶部开始化精	大量	无	
125		榆树	兴隆街道办事处王青塔村王青塔社	514294	4417305	1180	天然		110	110	10.5	15	1	树势开始衰退，枯死枝占1/3	少量	无	
126		小叶杨	兴隆街道办事处王青塔村王青塔社	513800	4418213	1210	天然		110	160	18	27.5	1	正常	未见	无	
127		核桃	乌兰不浪林场大乌兰不浪作业区	501939	4441602	1125	天然		50	35	10		1	差	未见	无	
128		榆树	十二连城乡黑佗佗湾村西扰社	512237	4449377	1048	天然		100	90	14	20	1	良好	未见	无	
129		油松	沙圪堵镇张家圪堵村羊场岩	470511	4377589	1338	天然		800	59.6	8	17.1	1	生长良好，树形似迎客松	一般	无	
130		杜松	沙圪堵镇乌素沟村徐家梁社	467291	4380940	1358	天然		300	54	5.5	7.2	1	良好	大量	无	

(续表)

序号	旗区	树种名称	所在地(乡镇/林场/小地名)	经度	纬度	海拔(米)	起源	土壤类型	树龄(年)	胸径(厘米)	树高(米)	冠幅(平米)	株数(棵)	生长状况	结实情况	病虫害情况	备注
131	准格尔旗	杜松	沙圪堵镇乌素沟村徐家梁社	467291	4380940	1358	天然		300	55	4.5	6	1	一般	大量	无	
132		大果榆	沙圪堵镇速机沟村黄榆树塌	495038	4419543		天然		125	60	7.3	4.9	1	生长衰弱,林冠占40%,原有三叉,现仅存活两叉	少	无	
133		榆树	沙圪堵镇石窑沟村苏家湾社	481335	4380233	1089	天然		300	114	20	19	1	生长良好,有两大主枝	大量	无	
134		杜松	沙圪堵镇石窑沟村马家坡	482386	4377624	1245	天然		400	30	5	6	1	良好	大量	无	
135		杜松	沙圪堵镇石窑沟村马家坡	482387	4377625	1246	天然		400	40	3	5.4	1	良好	大量	无	
136		杜松	沙圪堵镇神山村苏家圪旦柏树圪旦	471301	4387611	1338	天然		500	50	5	7	1	良好	大量	无	
137		杏	沙圪堵镇安定壕村屈家圪旦赵青云家	491488	4394233	1131	天然		135	65	9	6.5	1	生长一般,树冠大部分枯死,仅存30%活枝			
138		杜松	暖水乡德胜有梁村狮子坡海子湾	465027	4393466	1302	天然		900	60	4.2	7.5	1	树叶茂盛,生长量小,无病虫害,长势中等,离地30厘米处分为两大枝			

(续表)

序号	旗区	树种名称	所在地（乡镇/林场/小地名）	经度	纬度	海拔（米）	起源	土壤类型	树龄（年）	胸径（厘米）	树高（米）	冠幅（平方米）	株数（棵）	生长状况	结实情况	病虫害情况	备注
139	准格尔旗	小叶杨	纳日松镇羊市塔村刘家梁社	463374	4351601	1198	天然		140	90	7		1	生长衰弱，大部分分枝已枯死	少	无	
140		油松王	纳日松镇松树塌村松树塌社	469027	4365465	1410	天然		930	133.1	26.5	17	1	生长良好，枝叶茂盛，果实丰满	多	无	
141		油松	纳日松镇松树塌村奎洞沟社赵家坡	473049	4365971	1313	天然		500	80	8	16.5	1	生长健康，有少量枯枝	多	无	
142		油松	纳日松镇松树塌村奎洞沟社赵家坡	473138	4366427	1350	天然		500	80	7	16	1	良好	多	无	
143		油松	纳日松镇松树塌村奎洞沟社张家梁（二常渠村火树梁社）	474960	4365014	1324	天然	黄土	500	70	8	14.5	1	良好	多	无	
144		柳叶丁芧	纳日松镇松树塌村不拉卯社钠林圪堵	469196	4358198	1305	天然		155	43	4	9	1	一般	少	无	
145		柳叶丁芧	纳日松镇松树塌村不拉卯社钠林圪堵	469170	4358245	1305	天然		155	57	5	9	1	一般	少	无	
146		杜松	纳日松镇松树塌村不拉卯王西侧约50米处（在油松王西侧约50米处）	468991	4365496	1408	天然		880	41.1	8	11.5	1	良好	多	无	
147		油松	纳日松镇山不拉村袁家梁社（羊市塔村郝家梁社）	466141	4353191	1320	天然		400	12.9	6.5	12.9	1	良好	多	无	
148		油松	纳日松镇山不拉村郝家梁社	466618	4353418	1297	天然		400	12			14	良好	多	无	

（续表）

序号	旗区	树种名称	所在地（乡镇/林场/小地名）	经度	纬度	海拔（米）	起源	土壤类型	树龄（年）	胸径（厘米）	树高（米）	冠幅（平方米）	株数（棵）	生长状况	结实情况	病虫害情况	备注
149	准格尔旗	油松	纳日松镇山木拉村袁家梁	465016	4351421	1314	天然		565	59	25	10	1	良好	多	无	
150		侧柏	纳日松镇山木拉村袁家梁	465016	4351421	1335	天然		350	33.8	7	5	1	基部分2叉，生长良好	多	无	
151		杜松	纳日松镇山木拉村郝家梁社	466618	4353408	1297	天然		460	35	7	6.5	1	生长一般，有哪树寄生	少	无	
152		文冠果	纳日松镇山木拉村郝家梁	466618	4353408	1297	天然		100		6.5	7	1	良好	多	无	
153		杜松	纳日松镇柳塔村魏家塔社郝家梁	448848	4378147	1325	天然		500	7.5		8.9	1	生长良好，有三个主干并生在一起	多	无	
154		杜松	纳日松镇柳塔村柴敖包焉	452091	4379500	1353	天然		300		6.5	8.6	1	生长一般，主干被雷劈了一半	少	无	
155		杜松	纳日松镇柳塔村柴敖包焉	452145	4379469	1358	天然		300		5	4.35	1	生长一般，主干被雷劈了一半	少	无	
156		杜松	纳日松镇柳塔村柴敖包焉	452152	4379379	1348	天然		500		6	10	1	生长良好	多	无	
157		杜松	纳日松镇柳塔村柴敖包焉	452180	4379470	1362	天然		300		7	9.6	1	生长良好，主干从中间裂开	多	无	

(续表)

序号	旗区	树种名称	所在地（乡镇/林场/小地名）	经度	纬度	海拔（米）	起源	土壤类型	树龄（年）	胸径（厘米）	树高（米）	冠幅（平方米）	株数（棵）	生长状况	结实情况	病虫害情况	备注
158	准格尔旗	油松	纳日松镇二长渠村香柏梁社	477254	4364380	1295	天然		400	50	5	9	1	生长一般，果实内饱满种子稀少	少	无	
159		辽东栎	纳日松镇二长渠村石窑庙	474488	4367866	1256	天然		95	33	8	5	1	一般	少	无	
160		辽东栎	纳日松镇二长渠村石窑庙	474488	4367866	1256	天然		115	37	10	6	1	良好	多	无	
161		辽东栎	纳日松镇二长渠村石窑庙	474483	4367830	1261	天然		115	39	10.5	6.5	1	良好	多	无	
162		花叶海棠	纳日松镇二长渠村石窑庙	474498	4367800	1192	天然		85	17	3.5	2.5	1	差	少	无	
163		花叶海棠	纳日松镇二长渠村石窑庙	474498	4367800	1192	天然		85	17	3.5	2	1	差	少	无	
164		油松	纳日松镇大西沟村李家圪塔社（相邻两棵）	477849	4358820	1323	天然		500	54	8	10	2	差	少	无	
165		油松	纳日松镇大西沟村李家圪塔社左边之树	478033	4358905	1317	天然		500	60	7	12	1	差	少	无	
166		油松	纳日松川掌村高家坡社	465226	4367734	1386	天然		500	6.5	74	13.1	1	生长一般，下层有枯死枝，树形似迎客松	少	无	

(续表)

序号	旗区	树种名称	所在地(乡镇/林场/小地名)	经度	纬度	海拔(米)	起源	土壤类型	树龄(年)	胸径(厘米)	树高(米)	冠幅(平米)	株数(棵)	生长状况	结实情况	病虫害情况	备注
167	准格尔旗	圆柏	龙口镇麻地梁村敖包社庙圪旦	521039	4375856	1338	天然		400	87.5	10	14	1	顶部枯死枝占60%,仍在结实	少	无	
168		榆树	龙口镇红树梁村黄榆树苑任占一家	524621	4371998	1157	天然		205	95	11.5	8.5	1	生长较差,枯死枝占70%,有寄生植物	少	无	
169		榆树	龙口镇韩家塔村榆树坡社	516002	4371545	1020	天然		165	90	18	8	1	已接近衰老,枯枝占60%	少	无	
170		榆树	龙口镇韩家塔村榆树坡社	516041	4371597	1021	天然		205		5	8.5	1	近衰老,两大主根裸露在外以支持树干	少	无	
171		柳叶鼠李	龙口镇韩家塔村榆树坡社	515748	4371084	997.6	天然		200	60	3.4	6	1	生长正常,根裸露在外,有4根主根暴露在地外	少	无	
172		怪柳	龙口镇韩家塔村榆树坡社	516127	4371675	1038	天然		100	70	5	12	1	生长正常,由两株萌生组成	少	无	
173		旱柳	龙口镇公盖梁村周家峁社	521266	4370409	1179	天然		200			11	1	该树从离地2.2米处倾倒,又从倒地处生出新根,生出2大枝,倒地胸径55厘米,体现出病树前头万木春的景象	少	无	

(续表)

序号	旗区	树种名称	所在地(乡镇/林场/小地名)	经度	纬度	海拔(米)	起源	土壤类型	树龄(年)	胸径(厘米)	树高(米)	冠幅(平方米)	株数(棵)	生长状况	结实情况	病虫害情况	备注
174	准格尔旗	旱柳	龙口镇公盖梁村无树卯社	518583	4372972	1197	天然		300	210	11	12.5	1	生长衰弱,原树主干上有四大分枝,现只保留两大分枝	少	无	
175		圆柏	龙口镇公盖梁村龙官嫣	518359	4374660	1265	天然		400	57.2	13	9.5	1	生长一般,树梢顶端有枯死枝	少	无	
176		圆柏	龙口镇公盖梁村龙官嫣	518826	4374816	1267	天然		800	135		14	1	树势已衰退,有70%树皮以大无,枝权以大分折断下垂,全树仅存有四枝,两枝倒地,仍有结实	少	无	
177		小叶杨	龙口镇公盖梁村公盖梁庙	519785	4371716	1205	天然		150	75	7	9	1	生长正常,主干有2/5开洞,两主枝已死,现保留3主枝	未见	无	
178		旱柳	蓝天街道办事处蓝天路	520530	4414117	1132	天然		240	136.9	16	20	1	良好		无	
179		旱柳	大路镇房子滩村房子滩社	527011	4426937	993	天然		200	190	11	19	1	由于采矿,地下30米采空,无地下水补充,树现已接近死亡		无	

(续表)

序号	旗区	树种名称	所在地（乡镇/林场/小地名）	经度	纬度	海拔（米）	起源	土壤类型	树龄（年）	胸径（厘米）	树高（米）	冠幅（平方米）	株数（棵）	生长状况	结实情况	病虫害情况	备注
180	准格尔旗	桑树	大路镇叨唠窑子村纳林沟						160	78	12	16.5	1	良好	多	无	
181		榆树	大路镇城塔村四分地社	0525399	4439869	1070	天然		100	75	9	8	1	生长势弱,原有三主枝,现存一枝	多	无	
182		榆树	大路镇城塔村柳林滩社	529997	4439900	1070	天然		120	153	13	21	1	正常	多	无	
183		榆树	大路乡小滩子村乔家圪旦	523497	4446143	993	天然		250	19	13.7	24	1	生长一般,有两大侧枝枯死,其他侧枝也有枯死现象,主干上病虫害	多	有病虫害	
184		旱柳	布尔陶亥苏木孔兑沟村前孔兑沟社黄玉山家	501707	4431458	1195	天然		125	173	15	24	1	生长良好,树冠下垂,接近地面,底层有枯梢现象,枯枝占20%	多	无	
185		小叶杨	布尔陶亥苏木孔兑沟村川掌沟社	500185	4426243	1250	天然		600	270	19	28	1	长势衰弱,有7/10枯死枝	多	无	
186		旱柳	布尔陶亥苏木孔兑沟村川掌沟社	500185	4426243	1250	天然		600	130			1	主枝已无,只有少量枝叶		无	
187		文冠果	布尔陶亥苏木大营盘原信用社家属房张志清院内	482666	4434774	1182	天然		150	46.8	9	9.3	1	良好	多	无	
188		榆树	大路镇小滩子村石口子社	527061	4442317	1040	天然		150	150	12	22	1	生长良好,树冠下部、内膛枯死枝	未见	无	
189		榆树	大路镇小滩子村石口子社	526999	4442350	1040	天然		150	93	14	17	1	枯死枝占全树2/5	未见	无	

第八章 附图

本章内容参见图8-1,图8-2,图8-3,图8-4所示。

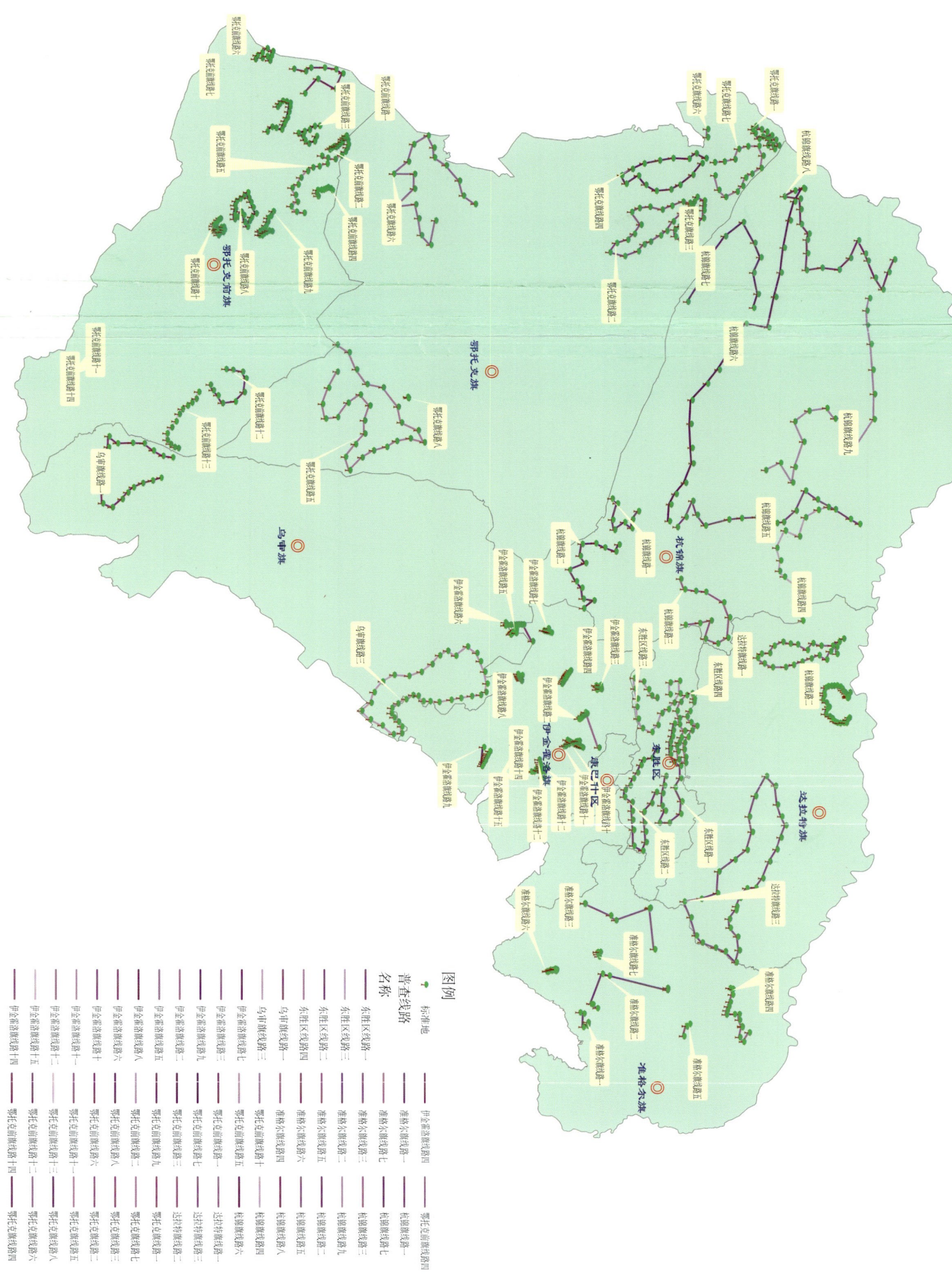

图8-1 鄂尔多斯市种质资源线路标准地图(示意图)

第八章 附 图

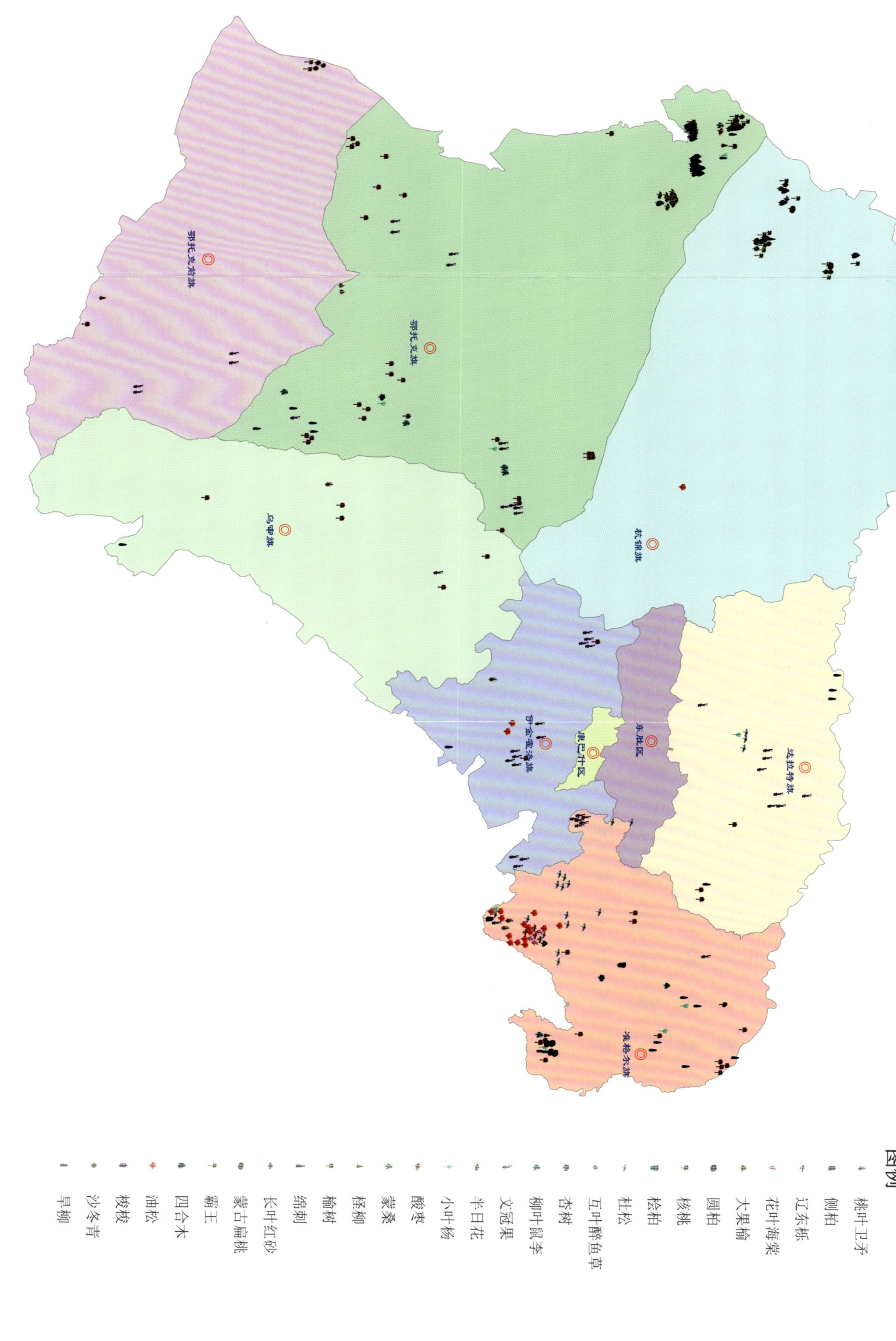

图 8-2 鄂尔多斯市古树名木分布图(示意图)

后 记

《鄂尔多斯市林木种质资源》是鄂尔多斯市林业种苗人通过对全市林木种质资源的实地调查后整理而来，目的是为了摸清当前现存的优良林木种质资源，通过繁育、选育、驯化、改良等方式，选育适应当前林业生态建设发展的树种或品种，为鄂尔多斯生态文明建设添砖加瓦。

由于林业种苗站人力财力有限，在外出调查过程中，受限于植物的生物学特性因时间各有差异，以致在调查时，未能及时全面地掌握每一个树种的物候期，导致有些树种在拍摄整株时出现无花、无果、无叶等现象。有的树种如内蒙古野丁香、猥实、花叶海棠、辽东栎等，在鄂尔多斯地区仅分布几株或者几十株，为了保护这些濒临稀有的树种，在本书中只体现分布地点。调查中发现目前广泛使用的主要造林树种，如沙柳、旱柳、中间锦鸡儿、塔落岩黄芪（杨柴）、蒙古岩黄芪（花棒）等，在全市几乎很难找到天然分布，因此无法标识地理坐标；还有零星分布的树种，也无法标识地理坐标。

林木良种基地、采种基地方面汇总了2000年以来鄂尔多斯市建设的良种基地和采种基地，以表格的形式直接列出，不再作过多论述和评价。

基于人力财力有限，历时5年出版，实属不易，结合国家开展林草种质资源保护及普查工作，我站将逐步完善该书，使之更全面翔实。

本书在外出调查时得到了鄂尔多斯市各旗区林业系统的大力支持和帮助，在此表示衷心的谢意。